U0128185

The Climate Change Playbook:

氣候變遷遊戲引導書：

22 個讓人更有效溝通氣候變遷的系統思考遊戲

22 Systems Thinking Games for More Effective Communication about Climate Change

Dennis Meadows、**Linda Booth Sweeney**、**Gillian Martin Mehers**　著

陸曉筠、李伯言、陳嬿　譯

陸曉筠　編審

中文版序

2016 年重返波士頓，讓自己的研究與教學重新浸潤與沉澱，適逢美國非常特殊的總統大選，唐納‧川普當選後的那一陣子，哈佛校園不同系所針對環境及氣候變遷的討論與研討會大增，每天穿梭在政治、科學、環境設計、法律，甚至文學等不同領域的大樓，聽不同專業的人談著氣候變遷，辯論著不同的解方，擔憂著政治的走向是否會讓氣候的狀況更險峻，但走到市街上，看到一般大眾的消費生活習慣，似乎與氣候變遷下應有的行動是不一致的……在思緒衝突混亂的某一天下午，忽然在街邊的二手書架上看到這本書《The Climate Change Playbook》，原本以為是一本給小朋友看的童書，隨手一翻，它就讓我在書店待了一下午，似乎想通了一些事，它也就跟我回了台灣……

回台灣的忙碌生活下，這本書也就默默地在書架的一角，這些年因為參與氣候變遷海岸調適的推動教育，在教育現場最大的障礙還是同溫層的突破，以及專業議題的轉譯，有些人說，「氣候變遷跟我太遙遠了……」也有人說，「這些專業太深奧了……」更有人說，「北極熊很可愛，但跟我的關係是什麼啊？」一年前，一場都是環境同溫層的工作坊，很多熱血的實踐與環境推動者參與，大家吐苦水的時候有人說到，「難道都沒有一些簡單好玩的工具嗎？」我忽然想起這一本被我遺忘，躺在角落的遊戲書，該讓它出來好好發揮它的價值……

氣候變遷一直是一個叫好不叫座的議題，所有人都承認它的重要性，但為什麼推動起來這麼的艱

辛，當每個人的想法、認知不一樣的時候，即使我們都有一樣的大方向，是很難走到一起的。這本書的翻譯重新讓我找回在波士頓二手書店那個下午的熱血，很多時候我們都需要停下來，讓自己或團隊更有系統性地思考一下，我們看到的是問題全貌嗎？這本書的 22 個遊戲不單單適用在氣候變遷的議題，對自己、對團隊、對我們所面對很多的複雜環境，這或許都是一種不同思維的開啟……

來遊戲吧！！

國立中山大學　海洋環境及工程學系

陸曉筠

推薦

我曾在數十個國家中講授課程和擔任顧問，期待能協助人們瞭解何謂環境承載力以及其與人類社區的重要性。我經常在培訓課程內、與同仁合作時、研討會、以及在我自己的演講裡，使用《氣候變遷遊戲引導書》中分享的教學工具。這本書就像是一個寶藏：對於每一位公共政策實踐者而言，這本書是一個可以讓他們加強與夥伴互動並加速學習的實用工具包。

——Mathis Wackernagel，全球足跡網絡的創辦人兼執行長

氣候變遷就像大多數的全球問題一樣，是一個系統性問題，一個相互關聯的問題網絡，難以用傳統的線性思維來分析。這本書提供了一種充滿趣味、非線性、大量運用非語言的方法，來學習如何更加系統性地思考；換句話說，以相互關係、模式、以及背景脈絡來思考。我強烈推薦每一位想要親身體驗系統性思維的朋友。

——Fritjof Capra，《生命的網絡》作者；
《生命的系統觀》合著者

很少有主題比氣候變遷更重要，討論得更廣泛，卻同時如此地被人們拙劣地理解。這實為一場悲劇，因為有一些簡單、直觀的見解就可以讓所有人理解並形成共識基礎，進而讓我們能夠更清晰地專注於被誤解所掩蓋的複雜權衡和選擇。《氣候變遷遊戲引導書》是理解這些見解的絕佳方式，更重要的是，是可以幫助他人理解這些見解的絕佳方式。

—— Peter M. Senge，麻省理工學院高階講師；
系統性改革學院創始主席；《第五項修練》作者

許多人對於氣候變遷的感受，都是巨大且超出我們可控制的範圍，因而對於解決相關議題無從入手。然而，這本書卻完全相反：它使這些問題變得切實且可觸及，不僅促進自我可以做的更多，也為我們提供了 22 個可以輕鬆激勵他人起而行之的工具。如果你相信經驗是最好的老師，而且相信面對這項會對地球上每個人都造成嚴重長期後果的問題，我們現在已經幾乎沒有時間來開始變革了，那麼這本書將是你的無價之寶。

— David Peter Stroh ，《改革社會的系統思維》作者

應對氣候危機時，我們面臨的主要障礙就是人們對於氣候系統和複雜系統的普遍理解不足。《氣候變遷遊戲引導書》藉由創新且引人入勝的遊戲，提供了一種克服這一障礙的新方法，幫助將氣候危機從抽象威脅轉變為現今明確存在的現實，讓我們理解如何且必須立即行動。

— Asher Miller ，後碳研究所執行總監

在我目前身為環境學者、以及之前帶領聯合國附屬和平大學與國際自然保護聯盟的工作中，我的主要目標一直以來都是幫助他人瞭解環境問題的重要因果；而本書的作者們就是運用簡單遊戲來傳達複雜問題的大師，這本新書更匯集了他們曾使用過的最佳方法。

— Julia Marton-Lefèvre ，耶魯大學林業和環境研究學院；

前國際自然保護聯盟總幹事

數以千計的政府和企業官員參加了我在日本舉辦的培訓計畫，以進一步傳遞與環境、氣候、食品和能源相關的原則。我是《氣候變遷遊戲引導書》中各個遊戲的粉絲。這些遊戲容易學習且使

用簡易；它們是極其有效的教學工具，並且適用於不以英語為母語的參與者。

— Riichiro Oda，Change Agent Inc. 總裁兼執行長

我們如何瞭解像氣候變化這樣的艱難問題呢？據研究顯示，僅僅向人們展示研究結果是沒有效果的。要真正學習，人們需要互動、實驗、以及遊戲。《氣候變遷遊戲引導書》正是如此，透過一系列多樣化的互動遊戲來鼓勵人們學習。這些遊戲適用於各個年齡段和各種規模的群體，它們幫助我們學習有關困難主題的重要知識，而且重點是，這些遊戲非常有趣。

— John Sterman，麻省理工學院史隆管理學院教授；
《商業動力學》作者

為了未來世代保留一顆宜居地球的努力，因為《氣候變遷遊戲引導書》，變得稍微容易了一些。

在教育與啟發的現場中，無論你是面對學生、商業領袖、還是政策制定者，這本手冊都將幫助你將互動式學習的練習納入教學和推廣中。本書清晰和詳細的說明，對於每一位致力讓更多人瞭解氣候變遷並建立集體行動意願的人，都是極為重要的資源。

— Elizabeth Sawin，Climate Interactive 共同總監

以遊戲作為例子來說明講座中的觀點，讓體驗產生不同的效果：台下的觀眾，無論人數多寡，都渴望參與其中並記住新的知識。《氣候變遷遊戲引導書》中遊戲的優點，在於容易使用且具有高度靈活性，小學生、大學教授、政治家、和商界人士等都是適合的對象，而且這些遊戲可以進一步地帶出簡短幾句話的總結，或者更詳細討論的反思。因此，我也變得更加熱衷於其中的遊戲了。《氣候變遷遊戲引導書》同時啟發了我們去適時

地改變遊戲、甚至創造新的遊戲以因地制宜。我們實在太需要這些遊戲來向大眾傳遞這些重要的訊息了！

— Helga Kromp-Kolb，維也納自然資源與

生命科學大學全球變化與永續中心主任

目次

前言

溫室氣體（GHG）排放量的增加正在導致全球氣候變遷，有可能破壞地球支持人類與其他物種生存的能力，雖然對此威脅的擔憂開始興起，但各國溫室氣體的排放總量卻依然持續上升，在有簽署《京都議定書》的國家中上升，在那些沒有簽署的國家中更是上升。

溫室氣體排放增量的速率或許會因為某些問題，在某些經濟發展放緩的年度出現微幅的下修，又或者某些國家藉由增加從他國進口高耗能產品數量呈現緩降的排放數據，但這些對於降低全球的總排放量並無幫助，全球排放的仍在持續成長。

儘管對於氣候變遷的憂慮不斷擴大，但為何作為其主要成因的碳排總量卻持續增長？要點出造成

這個悖論的幾個理由並不困難，其中大部分超出本書的範疇，但其中一個關鍵的原因是本書期待關注的：多數人對於氣候系統的行為並不瞭解。

因為對於氣候系統的不清楚，大眾極為容易犯下潛在致命且無法挽回的錯誤，像是許多人認為在氣候變遷成為顯著威脅前，人類社會仍有充裕時間去作出改變以應對災變，然而，屆時將為時已晚。人們假設未來可以依循現有的典範與政策工具，來尋找解決方案，但他們不知道的卻是現在造成氣候變遷的作為，在未來將會引起更大的影響。人們總以為做出改變可以立竿見影，但殊不知在某地的行動在其他地區具有破壞性且時間遲滯。科學家的預測無法影響人們的臆測，畢竟警告與呼籲對於人類學習的意義十分有限，就像是

古老的諺語所傳頌的：

聞之不若見之，見之不若知之，知之不若行之。

簡單的互動行為－我們稱之為「遊戲」或者「策略練習」－是讓參與者藉由實踐來瞭解的絕佳媒介。在《氣候變遷遊戲引導書》中，我們為那些嘗試更有效的應對氣候變遷，同時希望讓更多人瞭解真相的夥伴，提出了 22 個對於教學以及增進溝通與理解十分有用的遊戲。

本書為 1995 年出版的《系統思考遊戲書》的進一步改編，從中我們修改了原有的 18 個遊戲並新增了 4 個全新遊戲，使其成為協助大眾感知氣候變遷動態與後果的遊戲。

如何使用這本引導書

這本書是為了協助專家、倡議者和教育工作者可以更有效地與不同團體討論氣候變遷,如果應用得當,書中的遊戲可以讓氣候變遷這個複雜的議題,在工作坊、演講,乃至於人與人之間的溝通中,變得更加有效與有意義。這 22 個遊戲在書中都有明確的指引,可以讓帶領遊戲的人更容易上手,每個遊戲包含了:

- 引言:與氣候變遷以及遊戲互動有關的引言。
- 與氣候的鏈結:與氣候變遷相關的具體訊息,用於建立遊戲架構,以及思考其背後可以發揮作用的場景脈絡。
- 關於這個遊戲:說明這個遊戲有用的歷史資訊以及策略,讓使用者可以讓遊戲成為最有效的教學工具。

- 實際操作:詳述實際玩遊戲時的必要條件,包含需求人數、時間、空間、設備及事前準備等,其他像是安全、體能限制等事項也會在需要注意的地方特別註明。
- 操作指令與腳本:此處提供在每個遊戲中會用到的詳細指引,包含給帶領遊戲的具體腳本建議。
- 遊戲總結反思:提供每個遊戲中的討論重點,可以最佳化遊戲參與者的學習潛力及可以帶走的價值。

選擇適合你的遊戲

在氣候變遷相關的各種場合中,通常會有不同數量的參與者;因此,我們將書中的各種遊戲,依

據直接於活動中的所需人數，分成三種功能分類：

1. **大型群眾遊戲**：此類型遊戲適合大量的群眾參與，最多可達數百人。通常這類型的遊戲並不需要參與者彼此互動，但需要觀眾中每一個人聽從引導者的指令與問題，這些遊戲可以在大型會議環境中進行，而參與者可以在自己的位置上完成，一個引導者可以同時帶上千人一起玩這樣的大型遊戲。
2. **示範性遊戲**：此類型遊戲會需要一小群人，通常少於十人的小群體，他們會彼此互動，同時被更大的觀眾群體從旁觀察，只要觀眾都可以看見遊戲的互動，觀眾的人數則可大可小。
3. **參與式遊戲**：此類型遊戲可讓至多三十個人的團體參與，因為在這類型遊戲中較難從非直接的行為中體驗，團隊中實際參與的學習效果將

較為直接且有效。

系統行為與誤解

對於氣候變遷的混淆不清通常來自於各種類型的誤解。有鑑於此，我們將書中的遊戲根據氣候系統容易造成問題的六大特點進行分類，提供想要進一步瞭解與面對的人。

1. **習慣性行為**：氣候變遷通常是那些深深埋藏於全球社會習慣下的行動所造成，過去一些曾經有益的行為現在威脅著我們物種的生存，唯有改變這些習慣性行為，減少氣候變遷的努力才有可能成功。
2. **不適合的框架**：氣候變遷所造成的問題，像是北極融化中的冰帽或巴基斯坦洪水，所發生地

點通常離成因極為遙遠，減少氣候變遷的努力需要擴大對於時空與責任歸屬的認知框架。

3. **不確定性**：氣候變遷是一系列複雜交互因果關係所引起的，這些相互作用尚未被全然地理解或精準地測量，減少氣候變遷的影響，需要不同團體針對那些還未被充分理解的新議題進行討論並達成共識。

4. **自主行為**：氣候變遷是由一個不完全受人類控制的複雜系統結構所引起的，其包含了許多自然快速發展的過程，減少氣候變遷的行動必須反映對自然運作中系統的尊重，同時獨立於人類社會的控制之外。

5. **長時間遲滯**：氣候變遷涉及長時間遲滯的各種變化過程，過去累積排放所帶來的後果至今仍未完全出現，即使執行合適的政策，氣候變遷的問題仍然會持續數十年，所以投入的努力必須要能克服短期的阻力，並達成長期的目標。

6. **放大倍率**：一個看似微小的改變，像是大氣中二氧化碳上升了數百萬分之幾的濃度，就會導致如物種永遠滅絕的重大問題，減少氣候變遷的努力必須考慮那些最初可能看起來不重要，或者不顯著的訊號。

使用遊戲說明矩陣

為了引導使用者可以更輕易地根據情況與想要達成的目標，選擇書中最合適的遊戲，我們製作了一個遊戲矩陣。每個遊戲主要分為大型群眾遊戲、示範性遊戲以及參與式遊戲，然後再指出這些遊戲中可能包含哪些對於氣候系統的誤解。此一分類並非絕對，當你熟悉掌握這些遊戲後，你會發現可以透過多種方式使用它們。

遊戲名稱	遊戲矩陣			氣候系統的誤解
	大型群眾遊戲	示範性遊戲	參與式遊戲	
雙臂交叉	×			1
雪崩		×		3, 4
平衡紙管			×	5, 6
浴缸遊戲		×		2, 5
生物多樣性遊戲	×			2, 4, 6
空中畫圈圈	×			1, 2
框架	×			2
小組傳球			×	3, 4, 6
手心向下	×			2
漁獲			×	1, 2, 3, 4, 5
命中目標		×		5
真實循環		×		4, 5
摺紙	×			4, 6

遊戲名稱	遊戲矩陣			氣候系統的誤解
	大型群眾遊戲	示範性遊戲	參與式遊戲	
撕紙	×			2, 3
筆	×			2, 3
生存空間			×	1, 2, 3
化圓為方			×	2, 3
拇指摔角	×			1, 2
三角形			×	4, 6
變形的雜耍			×	3, 6
生命之網		×		2, 4, 5
1-2-3-Go！	×			1, 3, 4, 6

開始前須要考量的事情

書中的遊戲會需要參與者有較接近的肢體互動，近距離接觸陌生人（尤其是不同性別）可能會造成某些人的不安。在遊戲中通常會需要與他人牽手或站在一起，如果有一、兩個人明顯的對此感

到不舒服，可以尋求他們以其他方式的支援，像是看大家有沒有遵守規則，或是觀察並回報他們的觀察結果。如果有三位或者更多參與者對特定遊戲感到不舒服，那就應該改變遊戲的方式或者換一個遊戲。有時可以要求每位參與者握住餐巾的兩端來減少肢體接觸，如果男女接觸是一個問題，可以考慮將參與者分為男生與女生組。

大部分遊戲通常在玩的時候，參與者是坐著的，或者只有一小組人員作為示範，大部分的參與者則從旁觀察。但其中幾個遊戲需要參與者站立、移動，或者在其他參與者間走動，此時則需要注意確保遊戲不會造成任何人身體上的壓力，或讓人失去平衡並摔倒。這些遊戲已經有超過數百次的順利執行經驗，但尊重每位參與者以及保持小心謹慎，總是明智的。如果有一、兩位參與者行動不便，可以請他們以其他方式協助，調整遊戲或者使用不同的遊戲。

在討論與總結反思過程中，最好不要特別點名某位參與者，此舉可能造成他人尷尬的處境，同時，應讓參與者自由選擇是否要分享他們的想法。

遊戲總結的指導方針

遊戲總結的討論跟反思可能只要數分鐘，但也可能變成長時間的討論，其中一定要有關於遊戲，以及與活動主要目標相關的對話，無論是遊戲帶領者或是參與者，都應該在每次遊戲後馬上總結整體的感受與見解。

我們概述了七個可在遊戲總結時，提供實際指引的七個步驟，每次遊戲結束後與參與者的對話討論，可以跟著這七個步驟，或者你可以選擇跳過其中一些步驟，又或者濃縮數個步驟成為與參與者對話的一個階段：

1. 描述遊戲過程中發生的事件與議題。
2. 判定遊戲中發生的事件與議題，於現實系統中發生的程度。
3. 判定是哪些因素導致遊戲中發生的事件與議題。
4. 判定這些因素於現實系統中存在的程度。
5. 指認遊戲中可以避免或者解決最嚴重議題的改變。
6. 指出如何於現實系統中做出相對應的改變。
7. 取得於現實中會做出必要改變的承諾。

在遊戲中讓參與者對自己的行為有責任感是至關重要的，如果參與者將他們的失敗歸咎於外部影響、隨機變數，或甚至是遊戲引導者的錯誤，他們將不會有反省與學習的動機。藉由精心仔細的引導，你可以幫助參與者成為自己行為的學生，從自己的錯誤和成功中學習，但操作時需要避免尷尬，千萬別讓參與者認為你覺得他們的行為是來自於愚蠢、無知或者惡意，你可以嘗試使用下面的說法，例如「當一群像你這樣聰明，且從根本上想做對事情的人，這樣的行為背後一定有一個潛在的原因」。

帶遊戲時的好點子

「系統思維」是一個廣義的詞彙，用於表示專注於元素集合及其交互關係，而不是關注單一部分的方法，它提供了定義與解決複雜問題的思考脈絡，因而可以更進一步強化有效的學習與設計。在最好的情境下，系統思維的實踐可以幫助個人改變成天當危機救火隊的行為方式，並減少破碎而以更為整合的模式思考。

本書中的遊戲強調了與系統思維相關的許多概念與思考習慣，對於氣候變遷的動態關係提供了新穎的見解。

在二十一世紀裡，社會面臨著一個重要的教育挑戰：學習如何讓人可以有效地瞭解與處理愈趨複雜的系統。在越來越多情況中，第一線的實踐者與學者在設計學習體驗時，堅持一個簡單的前提：讓身心同時參與學習。在具有影響力的書籍《未開發的智力（*An Unused Intelligence*）》[1] 中，Andy Bryner 與 Dawna Markova 曾提出警告，認為西方教育文化實際上並未開發人類解決問題的潛能。我們完全同意此一示警，更認為人類在系統思維與身體系統感知的潛力也並未被開發。在本書中，你使用這些遊戲的體驗將是基於關鍵概念、理論、技術、與經驗實踐的巧妙整合；你對於系統思維概念的熟悉程度；以及遊戲帶領者的洞察力與能量。經驗上來說，你將提高對於系統思考在思考習慣的認知，我們邀請你在參與的同時，真正享受樂趣。

這本《氣候變遷遊戲引導書》是為了每一個人而準備的，不管是經理、執行長、教師或教授們，都可以閱讀、使用它，並從本書找到有意義的東

西。你不需要是組織發展的專家或訓練者才能使用這些遊戲，事實上，我們預期任何一個團隊，只要稍事準備，就可以打開這本引導書，然後一起玩裡面的遊戲。

系統思考者之道

根據我們過往研究與教導系統思維的經驗，可以得出系統思考者的定義為具有下列特質的人：

1. 看見事情的全貌。
2. 改變視角，看到複雜系統中新的槓桿點。
3. 找尋相互依存的關係。
4. 思慮心智模型（一個人對於世界運作方式的信仰、見解、推測等）會如何創造我們的未來。
5. 關注長期計畫並發聲。
6. 「宏觀」地（使用餘光）檢視複雜的因果關係。
7. 找出預期外後果從何出現。
8. 關注系統中交互關係的結構問題，而非指責。
9. 保持矛盾與爭議的張力，而不是試圖快速解決它。
10. 運用因果關係圖（顯示不同的作為如何影響其他事件與結果）與電腦模型視覺化系統。
11. 找到資源庫（系統中材料與資訊的累積）以及它們可能造成的時間差與慣性。
12. 謹慎注意輸／贏心態的產生，因為這樣的心態總是在高度依存的系統中使情況更糟。
13. 視自己為系統的一部分，而非置身於系統之外。

書中的遊戲是為了在學習氣候變遷的過程中，提高人們對這些思維模式與觀察方式的體認，這些方法適合用於相互關聯且需要概念強化的活動設計，遊戲包含了理論、概念、模型，以及對於參與者經驗相關且詳細的反思總結。

22 個遊戲

01

雙臂交叉

當狀況改變，習慣也必須改變

首先我們養成習慣，然後習慣養成我們；征服你的壞習慣，不然他們就會征服你。

        — *Rob Gilbert*，運動心理學家

現今世界我們產生的問題是無法以同等的思維去找出解決辦法。

        — *Albert Einstein*，理論物理學家

壞習慣就像一張舒適的大床：躺上去容易，但要起身卻很困難。

        —俗諺

與氣候的鏈結

人類社會已經養成與經濟發展以及人口成長緊密相連的生活習慣，造成大氣中的溫室氣體累積持續增長，這些習慣將持續增加累積速率，創造更多的溫室氣體。為了要反轉氣候變遷，我們必須改變這些習慣；但不管這些習慣是多麼的危險或造成環境失衡，一定會有許多重要的人物與組織出來，強烈反對改變。要成功打擊氣候變遷，社會需要發展出影響消費、運輸、政治、都市設計的能源使用型態等許多新的生活習慣。這一個遊戲使我們警醒，對於任何要改變過往習慣的努力都將有一定程度的挑戰。

關於這個遊戲

「雙臂交叉」這個遊戲因操作快速而十分有用，且這個遊戲不需要任何設備，更可以與非英語為第一語言的參與者互動良好。[2]

實際操作

- **人數：**這是一個大眾型的遊戲，可適用於數人至上千人的參與群眾，作為遊戲帶領者，你可以期待所有觀眾都會參與。
- **時間：**這個遊戲會耗時約數分鐘，遊戲總結的討論會佔用部分或較多時間，你可依教學目標選擇最適合的方案。
- **空間：**這個遊戲適合一群坐著的觀眾，但需要讓每位參與者都能聽見與看見帶遊戲的你。
- **設備：**不需要。
- **佈置：**不需要。

操作指令與腳本

步驟一：向觀眾說：「現在我將帶大家來玩一個簡單的遊戲，我需要每一位朋友的參與，所以如果有人是拿著東西，像是鉛筆、筆記本，請幫我放下來。」環顧觀眾確定每一位都已經準備好跟隨你的指揮，如果看到還是有人拿著東西，可以再次提醒他們把東西放到一邊。

「請每位朋友交叉你的雙臂。」說話的同時，你也交疊你的手臂。「現在低頭看，記住你是右手的手腕還是左手的手腕在上面。」

「現在請每位朋友放下雙手。」將自己的雙手下並置於身體兩側，以此說明這是你希望大家做的，並稍稍停頓一下。

「現在請再次交叉你的雙臂，同樣看一下並記住是哪一隻手在上面。」

停頓久一點時間讓每位觀眾可以完成你的所有指令。「現在請放下手臂。」

步驟二：告訴所有的參與者：「現在我來做一個小小的調查，兩次都是同一邊手腕在上面的人，請舉手。」當你與觀眾說話的同時，也應該舉起你的手來示範。「我兩次都是同一隻手在上面。」（當然，你應該要確定自己兩次都是同一隻手在上面。）通常來說，幾乎所有人都會舉手，可能只有少部分沒有；這時看看每位觀眾，然後說明：「幾乎所有人兩次都是同一邊手腕在上面，但這是實際上理想的狀況。交叉雙臂通常是人類需要專注於某件事情，卻不需要雙手時的直覺舉動。一旦我們找到可以讓雙手舒服且不礙事的動作，當有需要的時候，我們就會持續使用這樣的姿勢。如果我們每次要重頭來找一個讓雙手不礙事又舒服的方式，其實是非常浪費時間的。」

步驟三：這時可以點出：「既然幾乎所有人每次都是用同樣的方式交叉雙臂，隨著時間應該是有一個最佳的方式，那讓我們看看是哪一個。」接下來，我們就會來看有多少觀眾的手臂交叉方式與你一樣。這裡我們先假設作為遊戲帶領者的你，兩次雙臂交叉時都是左手在上。

「兩次都是左手在上的人，請舉手。」這時你也要舉手，並強調「我也是。」然後放下你的手。

「兩次都是右手在上的人，請舉手。」接著環視觀眾，忽略那些兩次是不同手臂在上而沒有舉手的少數人，通常有一半的人是左手在上，一半的人是右手在上。

「約莫一半的人習慣做這件事用一種方式，另一半的人則習慣另一種方式，這其實沒有所謂的最佳解，兩種方式都可以；只是一旦你找到習慣的方式，你就會毫無疑問的持續用這樣的方式，你甚至不會去想有其他方式，而且你周邊有許多人正用著其他的方式。」

步驟四：觀察台下並說：「我們會養成習慣，是因為這些習慣有用，只要這些習慣一直是有用的，我們就會不自覺地持續使用，我們也不會需要去思考審視這些習慣。然而，當狀況改變，過去有用的習慣現在不再適用的時候，這些習慣就必須被改變。接下來，讓我來幫助大家練習一下如何改變習慣。」

「現在請大家用與你原本習慣不同的方式交叉雙臂。」同時自己也帶頭示範，你可以用一些較為誇張的動作，表示這需要認真去想一下，甚至在一開始可能會搞錯。

等待大約十秒，通常來說，在參與者間會出現一些緊張的笑聲，直到每個人都設法做到以另一種方式交叉手臂。

「恭喜大家！你們都做到了！但我們可以注意到在改變習慣過程中的三件事情。第一，改變是有可能的。大家都成功地用另一種方式交叉了雙臂。」在此稍微停頓，讓觀眾思考你說的內容。「第二，改變並不容易。這需要思考，甚至在一開始會犯下錯誤。」此處再次暫停，讓觀眾反思。「第三，開始是不舒服的。你會對與平常習慣不同的動作感到有點不適應。」

「在過去超過兩百五十年以來，人類透過經濟成長以及持續的物質與能源消耗而變得更好，我們發展出一套極為有效的習慣，可以達到能源使用的增加、食物產量的提升、林木採伐等。但是，現在情況改變了，從長遠來看，過去那些鼓勵經濟發展與物質能源消耗的行為，將使人類的未來處境更糟。」

「為使人類永續的福祉，我們必須減少自身對於氣候的衝擊；我們必須減少會增加溫室氣體排放的行為；我們必須改變自身的習慣。嘗試改變習慣將再次讓我們看到：第一、這是有可能的；第二、這需要仔細思考並承擔最初不可避免的錯誤；第三、有些人和組織會起身抵制他們認為短期內會使狀況變得更糟的變革。氣候變遷的解方，是不可能讓每個人都滿意的。」

遊戲總結反思

- 有哪些社會習慣看起來對溫室氣體排放的增加影響最大？
- 這些習慣是必要的嗎？有可能用其他方式或行為替代嗎？
- 如果你接受「雙臂交叉」所學到的三個教訓，那你會如何詮釋或應用它們，才可以最有機會改變這些社會習慣？

這個遊戲可以不需要正式的總結，前面結尾的陳述已經足夠。

02 雪崩

瞭解隱含的規則，它們可能造成與預期不同的結果

如果你想要理解系統運作失常最深層的原因，那就注意系統的規則，以及是誰掌控這些規則。

— *Donella Meadows*，環保議題領袖

瞭解規則，你才知道如何正確地打破規則。

— *Dalai Lama*，宗教精神領袖

法律約束常人，而正確品行引導偉人。

— *Mark Twain*，幽默作家

與氣候的鏈結

各國政府宣示將減少國家的溫室氣體排放，但事實上，排放卻不斷增加。人們聲稱他們關心長期問題，但人類的行為卻只著眼於短期利益，即使這些作為將會造成長期的成本。政治家在競選時承諾要解決氣候變遷問題，但一旦掌權後，他們卻有可能採行讓狀況更糟的行動。

由這個系統規則所產生的結果與很多人聲稱的期望不同，這些規則深埋於法律、行政習慣、以及文化規範之中，只要這些潛規則仍然存在，氣候變遷將會加速，要減少溫室氣體排放，我們就必須改變這些規則。在「雪崩」遊戲中可以明顯的看到，當一套規則產生問題時，僅僅更加努力是不會解決問題的，因為這樣的努力仍然在導致問題的同樣規則下進行。

關於這個遊戲

這個遊戲需要一些實際的示範才能產生預期效果。當你知道如何操作這個遊戲後，你將可以提供一個強而有力的課程，讓你的參與者瞭解背後的意涵。大多數的協商過程都是基於一個隱含的假設：如果每個人有相同的目標，並且願意一起努力實現，成功就會隨之而來。舉例來說，《京都議定書》就是基於這種假設。然而，成功並不總是隨之而來，往往系統的潛規則會產生與人們所期望大相逕庭的結果。透過這個遊戲，我們可以非常生動且驚人地呈現這個事實。如果你的同伴認為他們只需要「教育」人們來應對氣候變遷，這個遊戲可能會讓他們從這種自滿的心態中驚醒。

實際操作

- **人數：**這個遊戲是一個在所有觀眾面前進行的示範性遊戲，遊戲需要七個人來進行，你可以徵求自願參與的人，如果大約五秒鐘後仍沒有人站出來，你可以直接點七個人加入。建議從觀眾前方挑選參與者，可以減少人們移動到遊戲區域（舞台或其他空曠地方）的時間損失。
- **時間：**這個遊戲需要約十分鐘，後續需要十至三十分鐘討論。
- **空間：**這個遊戲需要在全體觀眾前或某個大家可以看到的空地，騰出可以讓七個人站在緊密圓圈中的足夠空間。
- **設備：**這個遊戲需要一個圓圈，直徑 30 到 35 英寸（75 至 90 公分）的塑膠呼拉圈十分適合。如果你需要用行李箱攜帶呼拉圈，最好購買一個可以分解組裝的呼拉圈，像是 Expand-O-Hoops 組合，在美國各校的線上商店應該都可以找到。
- **佈置：**如果有需要，可以先將呼拉圈組合好，並將其放置在講台附近，以便在你開始帶遊戲時容易拿取。

操作指令與腳本

由於「雪崩」是一個示範性遊戲，你可以在某個演講或複雜的課程中操作，選擇適當的時刻向觀眾說明，我們將進行一個簡短的遊戲，以闡明關於氣候變遷的重要事實。

步驟一：拿起呼拉圈向觀眾說明：「請想像這個呼拉圈代表大氣中二氧化碳基準，我們的目標是盡快降低它的高度。[將呼拉圈舉在腰部高度] 從這裡開始，我們的小組將一起努力將它降低，直到與地面平齊。我需要七個人的小組來完成這個任務。」

這時開始徵求自願參與者，或者直接點前兩排觀眾中的七位夥伴，需確保參與的成員中不包括身體障礙、無法彎腰或跪在地板上的人，同時，所有小組成員都應該能用共同的語言進行交流。請小組成員站起來並加入你的行列，一同站在觀眾前。

步驟二：對著七人小組說明：「接下來我會需要你們的合作，以減少排放水準，也就是將這個呼拉圈降低到地面的水準。」

「遊戲中有兩個你們都需要遵守的規則，請仔細聽我講解，這兩個規則非常重要。」同時告訴他們，你會仔細觀察並確保每個人都遵守這些規則，並向小組解釋如果有人違反規則，你會向其他人指出來，並要求大家從頭再來，但不停止計時。

「首先，將你的右手臂垂下，手肘靠近腰部。將右手伸出，掌心向下，握拳並伸出食指。」你需要透過自己示範以清楚傳達你的指令。

「請站在我周圍形成一個小圈，接下來，我會將呼拉圈慢慢放下，直到你們每個人的食指都碰到呼拉圈。」

此時你再次強調：「遊戲只有兩個規則。第一個規則是每個人只能用食指的上方觸碰到呼拉圈；第二個規則是任何人的食指都不能離開呼拉圈，哪怕只有一瞬間！這是需要整個小組一起的努力，如果我看到你們其中任何一個人的食指離開呼拉圈，我會立即停止，然後從頭再來，但不會停止計時。」

「當你們準備好，我會放開呼拉圈然後說『開始！』，然後某一位觀眾會協助計時，看你們完

成降低二氧化碳排放,將呼拉圈完全降到地面這個任務需要多長時間。我會待在你們的呼拉圈內,你們可以儘快地降低呼拉圈,而我就站在呼拉圈裡面。」

通常小組中會有人問你是否允許他們彼此交談,答案是:「當然可以!」七位小組成員應該均勻地分佈在你周圍,將呼拉圈降低到腰部高度,確保每個人都用食指與呼拉圈保持接觸,你不要緊握呼拉圈,你可以稍微壓一下每位成員的食指上方,確認每位成員已經做好準備。

步驟三:「在我們開始之前,我想詢問觀眾:你們認為這個出色的小組需要多長時間才能完成他們的目標?」這時讓觀眾想一下,這個停頓非常重要,因為他們認真評估完成任務需要的時間,會讓觀眾認為這個任務確實有可能完成,徵求一、兩位觀眾的答案,但不做任何評論,然後請

一位觀眾使用有秒針的手錶來計時這個過程。現在回到這七人小組,確保每個人的手都沒有離開呼拉圈。

步驟四:「記住,各位,手指不要離開呼拉圈,這點十分重要。準備好了嗎?開始!」當你說「開始」時,就將你的手離開呼拉圈,並完全放開它,當小組努力將呼拉圈降低時,保持自己在呼拉圈內部的位置,確保呼拉圈不會碰到你。

一旦你不再用力按壓呼拉圈,它可能會開始上升,當呼拉圈升到你的頭部位置,或者移動得很快、升得更高,請抓住呼拉圈。有時候,當小組成員在試圖瞭解怎麼做或如何協調彼此的努力時,呼拉圈會維持在大致相同的高度。仔細觀察呼拉圈,總是會看到有人手指暫時離開呼拉圈,如果發生這種情況,指出犯規情形,用幽默的方式告訴違反規則的人,同時誇張地將呼拉圈拉回到你腰部的位置,讓

其重新開始。最後不管怎樣，呼拉圈都會開始上升，因為人們試圖通過向上施壓來保持接觸呼拉圈，也因此向上加速。在某個恰當時刻，你應該有機會在呼拉圈繞過你頭部位置時抓住它，然後你就可以說：「OK，我們現在停下來，感謝大家的參與及努力，請各位回到座位坐下。」

嘗試降低呼拉圈這件事情幾乎每次都會失敗，但在非常罕見的情況下，小組確實有可能將呼拉圈降到地面，但只能非常緩慢地移動；然而，花費太多時間也是一種失敗，雖然失敗的類型不同。無論如何，你都有一個「失敗」的過程可以用於討論。

等到小組參與者坐下後，我們就可以開始討論遊戲的總結。

遊戲總結反思

「剛剛發生了什麼事情？」給你的觀眾一些時間思考這個問題並提出答案。「小組的目標是將呼拉圈放在地上，實際上，呼拉圈發生了什麼事情？」請某個人給你明確的答案：「呼拉圈上升了，而不是下降。」

現在你需要確保小組對於他們的失敗不會感到尷尬。「當像我們這樣一群聰明、努力，而且都願意一起付出的人們，共同奮鬥卻失敗時，必定是有一個制度性的原因。為什麼會發生這種情況？」給你的觀眾一些時間反思並提出意見。

關鍵點在於：「因為規則催生了一個與我們期望不同的結果，創造規則的人和遵循規則的人可能並不打算產生這樣的結果，但這樣的結果確實發生了，人們經常制定產生與他們期望相反的規則。」

接著提供更進一步的解釋：「那麼在這裡讓我們受挫的是哪兩條規則？首先，團隊成員只能用食指的上方碰到呼拉圈；再來，任何人都不允許食指離開呼拉圈。只要有這兩個規則，小組是幾乎不可能成功的。你可以讓每個人去健身房鍛鍊和加強他們的手指、你可以進行團隊默契活動來鼓勵合作、你可以舉行一整天的會議讓大家分享他們的觀點、你可以開設工作坊提高團隊成員的溝通技巧、你還可以做很多其他努力，但只要規則不變，結果將是一樣的。」

「雖然每個人都理解這些規則，而且這些規則似乎合情合理，但它們確實讓大家都無法完成任務。為什麼？原因很容易說明，因為要保持與呼拉圈的接觸，每個成員都需要用食指上方往上撐住呼拉圈的底部，這樣通常一定會抬高呼拉圈。

當呼拉圈升高，團隊的其他成員也需要將食指抬高以保持接觸，將更進一步抬高呼拉圈。這是一個惡性循環，讓呼拉圈持續上升而不是下降。」

「如果能夠改點規則，達成預期的目標就會變得非常容易，例如：你可以讓人們捏住呼拉圈而不是用食指的上方去撐住它，或者你可以說，有人手指暫時離開呼拉圈是可以允許的。不管怎樣，為了實現我們的目標，規則是必須被改變的。」

- 我們的社會中，有哪些規則是支配了大眾對於大氣中二氧化碳和其他溫室氣體不斷上升的反應？這些規則是如何被詮釋與溝通的？

在「雪崩」這個遊戲中，我們遵循明確的規則來玩遊戲，但在現實生活中，這些習慣或者文化規

範的「規則」更加模糊；然而，在我們的社會中，有一個「規則」或者信念是，看不到的就不會有傷害。對於導致地球氣候損害的二氧化碳和其他溫室氣體，其濃度比例只佔數百萬分之幾百。這些氣體是看不見的，而且在數百萬的比例下似乎太小而不值得擔憂。大眾媒體和決策者對現況有既得利益，他們批評任何可能挑戰現狀的觀察，因此強化了這種不作為；另一個內建於民主決策中的「規則」，則是主要關心會影響下次選舉的議題，溫室氣體不斷增加似乎不會造成下次選舉的問題，這一事實也持續透過媒體傳遞給大眾。

- 在遵守這些規則的情況下，我們能夠避免氣候變遷嗎？
- 如何改變這些規則，讓我們更有可能去減少溫室氣體排放？

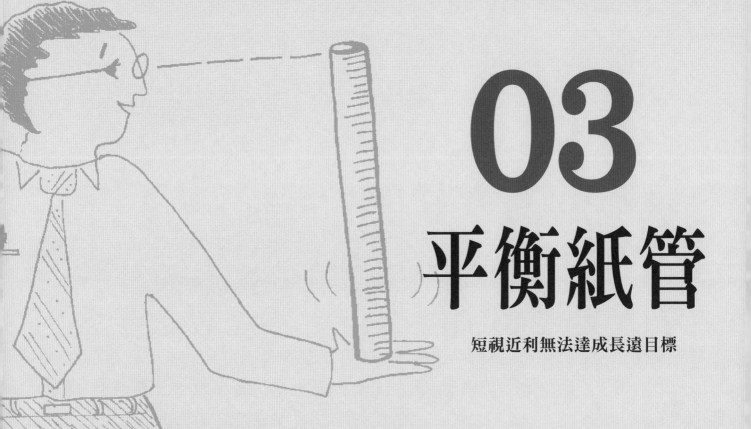

03

平衡紙管

短視近利無法達成長遠目標

適用社經環境的情境時間尺度，取決於建立與發展的目的。氣候模擬學者通常使用百年或更長的時間軸來進行模擬，而要應對驅動的氣候變遷、氣候衝擊，以及土地使用變化等模型，社會經濟的情境就會需要類似的時間尺度，才能與此相呼應。然而，政策制定者也可能希望能將社會情境用於決策思考，以此制定應對氣候變遷的現行政策，在這種情況下，制定政策所參考的時間尺度以未來二十年可能更為適當，較可反應決策者的即時需求。

—政府間氣候變遷專門委員會

氣候變遷倡議者可以用全球暖化已「迫在眉睫」去向大眾說明，或者可以採取更難、卻更有效的說服切入角度，讓我們重新構建價值體系，為我們的物種去做一些罕見的事情：現在就開始行動，以減少未來世代所面臨的風險。

—*Andrew Revkin*，《紐約時報》科學記者

如果你的計畫時間只有一年，那就種稻子；如果你的計畫時間有十年，那就種樹；如果你的計畫時間有一輩子，那就教育人們。

—中國諺語

與氣候的鏈結

在政策涉及大量因果、影響，如氣候變遷等不可預期衝擊的挑戰時，我們典型的決策方法通常會失敗，部分原因是我們永遠不會經歷到我們做決策產生的影響。在考慮氣候變遷相關的行動或研究時，群體間對此特定研究或行動同意一致的時間基準是很重要的，舉例來說：針對高碳排者，我們預計在多長的時間內他們可以改變行為，尤其當這些改變可能在短期內看起來沒有立即的成效？達成對時間軸的共識，可以幫助群體減少因為成員對於某項議題採用不同時間軸而產生的溝通不良、誤解、以及衝突。

關於這個遊戲

透過手工製作的紙管，這個遊戲提供了一個實際的體驗，讓參與者能夠增加對適當時間尺度的認識和理解，特別是涉及氣候變遷的可能情況。這個遊戲雖然無法涵蓋所有思考角度，但它傳達了一個重要觀點：當你試圖理解和控制一個動態系統，在某個適當的時間內，透過你的觀察可以帶來深刻的洞察以及有效的管理；然而，如果我們在更長或是更短的時間尺度內觀察系統發生的變化，我們將無法掌控此系統。

實際操作

- **人數：**以事先準備的紙管數量決定能夠參與的人數。
- **時間：**這個遊戲本身需要約五分鐘，而遊戲總結的時間則需要十分鐘或者更長。
- **空間：**每個人之間保持 3 至 4 英尺（約 1 公尺）的距離，並讓參與成員站成一個圓圈，這

樣每個人都可以看到其他人的動作。

- **裝備：**為每位參與者準備一根紙管，直徑約 1 英寸（2.5 公分），長度約 3 英尺（1 公尺），可以用尺寸相似的棍子或厚紙管來替代。
- **佈置：**事先準備足夠的紙管，紙管可以用一張報紙或廣告紙，從一個角落開始，繞著掃把柄（或其他棍狀物）對角滾動，然後取下紙管並黏貼固定。你可以在觀眾到達前，在每個座位上放一根紙管，或者將紙管統一放在一個紙袋中，在遊戲開始前就可以快速發放給遊戲參與者。

操作指令與腳本

步驟一：告訴參與者：「你的目標是在指尖上平衡這根紙管。」此時你可以將手掌朝上，示範如何

垂直地用手指平衡紙管。「第一次我們在平衡紙管的同時，要專注地看著紙管與手指接觸上方約 1 英寸（2.5 公分）的位置。」這時暫停一下，讓參與者有時間嘗試一下。

步驟二：「現在，第二次嘗試，在平衡紙管的同時，專注地看著紙管頂端。」這時再次暫停一下，參與者嘗試這個動作。

步驟三：「最後，試著在平衡紙管的同時，請各位專注地看著天花板。」這時等一下，讓參與者嘗試。他們會發現當視線太靠近手指，或者離紙管太遠時，很難或無法將紙管平衡在手指上。

遊戲總結反思

我們可以從幾個問題開始討論：

- 在這三種方法中，哪一種效果最好？
- 為什麼你覺得專注於紙管頂部時最容易平衡？
- 當你改變視野時，什麼也在改變？

難以平衡的關鍵因素是關注焦點改變下傳遞訊號的時間長度，當紙管失去平衡，你的眼睛偵測到紙管在動了，然後傳遞訊號給手指去配合調整，因為紙管需要移動到一定程度，我們的眼睛才能偵測到它已經改變位置，這在心理學的實驗中被稱為「差異閾值」，或稱 JND（Just Noticeable Difference）。

當你專注於紙管底部，紙管頂端就必須移動很大的距離，JND 才足夠刺激你產生反應然後平衡，

通常你會反應不及，而紙管就會失去平衡。當你專注於紙管頂端時，頂部只需要移動一點點，就能提供足夠的 JND 刺激，讓你可以開始反應，因此你的反應相對會較為迅速，通常可以有效地保持平衡。當然，當眼睛聚焦於天花板時，紙管幾乎要從手指掉下來才會讓你注意到，也因此你幾乎完全控制不了它。

「平衡紙管」讓我們學到關鍵的一課是：如果你想控制某些東西，你所選擇的時間尺度必須與這個系統的動態相符，如果你的時間視野太短或太長，你將無法令人滿意地控制系統的行為。

讓我們一起來思考氣候變遷的整體系統。

詢問全部的觀眾：「如果我們現在採取減少二氧化碳排放的行動，我們最可能看到的結果是什麼？」暫停一下等待回答。「答案是我們將看到大氣中二氧化碳數值下降，以及二氧化碳進入海洋或其他碳匯的總量減少。現在考慮時間的尺度，如果我們今天採取措施減少二氧化碳排放，可能需要幾十年時間才能看到風速、降雨、海平面的變化，以及剛剛提到這些因素所引起的暴風、洪水和乾旱危害。我們習慣於關注可以做出改變的地方，同時避開政治上困難或者不確定的領域。」

再次詢問觀眾：「目前有哪些長期氣候變遷政策，是基於短期視野或短期考量而制定的？」

你還可以指出袖手旁觀的觀望態度相當於在遊戲中看著天花板，以下是討論觀望態度的論點：

「在某些情況中的時間差距很短，時間尺度也很明確，像是燒水泡茶，我們可以想像泡茶煮開水頂多五分鐘，從行動（裝滿茶壺將水煮沸）到結果（杯茶）的時間差距非常小，很少有複雜的公共政策具有如此短暫的差距和時間尺度。然而，調查顯示，在認為氣候變遷會帶來嚴重風險的人中，許多人認為，在有更多證據證明氣候變遷是有害的之前，延遲將溫室氣體排放量減少到足以穩定大氣溫室氣體濃度的水平是安全的，事實上，世界各地許多的政策制定者認為，在採取大幅減少排放的政策之前，較為謹慎的做法是觀望氣候變遷是否會造成重大經濟損害。[3]

這種袖手旁觀的觀望態度是危險的，因為這樣會 (1) 低估了氣候因碳排產生後果到反應時間的巨大時間差，以及 (2) 提供了氣候變遷導致冰層變化、海平面上升、天氣模式改變、農業生產力下降，或者物種分佈、滅絕率、疾病發生率變化等等災害後，我們可以迅速反轉情況的假設。」

人們心中廣泛存在對於氣候慣性的低估，這源自於我們心智模型中一個極為基本的限制：對於儲存量和流量直覺理解的薄弱－也就是包括質量和能量平衡原則的總體累積概念。

－ *John Sterma*，麻省理工學院系統動力學組主任，

以及 *Linda Booth Sweeney*，系統教育家

對於溫室氣體（GHG）排放量和累積總量間彼此關係的混淆，是影響因應氣候變遷社會政策最重要的錯誤來源之一。

－ *Dennis Meadows*，系統政策學名譽教授

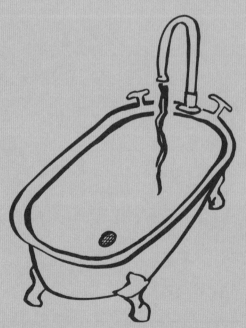

04

浴缸遊戲

只有流出去的水大於流進來的水，水位
才會降低

與氣候的鏈結

對於氣候變遷持觀望態度的人們認為，當災害變得顯而易見時，我們再來迅速解決或逆轉氣候變遷的影響即可，他們會推遲採取任何行動，直到問題已經紙包不住火；然而，這種觀點錯估了氣候對人類溫室氣體排放的反應。

為了理解這個錯誤，我們可以用一個巨大的浴缸作為比喻。每當水流入浴缸的速度超過流出速度時，浴缸中的水量就會增加，值得注意的是，即使稍微關緊水龍頭減少水流，只要流入持續大於流出，總水量仍然會增加。同樣地，只要大氣中的溫室氣體總排放量超過總吸收量，即使排放量有降低，總累積量（或存量）將持續上升。

目前，溫室氣體的總排放量至少比透過如森林碳封存、海洋吸收及岩石風化等所有生物量和地球化學機制的總吸收量高出兩倍。因此，在累積量開始下降前，流入量必須大幅減少，小幅的減少只會減緩問題增長的速度。要實現溫室氣體大幅減排所需的變革時間可能長達數十年，我們必須在氣候實際行為顯示出徵兆之前，就開始行動。

關於這個遊戲 [4]

在這個遊戲中，參與者有機會實際體驗二氧化碳總量在大氣中的上升和下降過程，參與者利用一個在地板上畫出來的大範圍區域，模擬流出和流入總量的過程（就像浴缸中的水），並在四輪遊戲中，預測總量的變化。接著，參與者可以用相同的流量結構為基礎，討論如何幫助大眾來預測二氧化碳排放政策的結果。

根據參與者對氣候變遷動態的瞭解程度，你或許可以先討論二氧化碳排放來源，並提供有關大氣中二氧化碳累積、二氧化碳去除或流出的最新資訊。

實際操作

- **人數**：這個遊戲是一個示範性的遊戲，需要十七名參與者參與。
- **時間**：十五至三十分鐘。
- **空間**：在地板上用紙膠帶貼出 8×8 英尺（2.5×2.5 公尺）的方形空間，需要可以容納十六人站立、走進去、以及走出來。
- **裝備**：白板、黑板、簡報架、或展示板；彩色麥克筆；用來在地板上標記活動空間的紙膠帶或其他彩色膠帶（可以使用繩子替代）。

- **佈置**：用紙膠帶在地上標示出一個大的正方形，這就是你的浴缸，或者說總存量。

在黑板、白板，或其他可書寫展示的板子上畫上四個圖表，並依序標為「第 1 輪」、「第 2 輪」、「第 3 輪」和「第 4 輪」。在每個圖表上將 Y 軸標記為「浴缸中的人數」，並從底部開始標註 0 到 20；X 軸則標記為「週期」，並從左到右標註 0 到 5。

操作指令與腳本

步驟一：請六名參與者站在方框內（浴缸），其餘的人在浴缸旁邊站成一組，靠近但在浴缸外面。

告訴觀眾：「浴缸裡的人代表大氣中的二氧化碳

的累績量（或儲存量），進入浴缸的人代表二氧化碳的排放速率，離開浴缸的人代表二氧化碳的排出，例如透過生物吸收等方式。」

然後跟觀眾說明：「我們將進行四輪的遊戲，在第1輪的遊戲中，每個週期有兩名夥伴進入浴缸、沒有人從浴缸離開。我們將重複這個動作－每次兩名進入、沒有人離開－總共進行五個週期。」

步驟二：徵求一名自願者：「我需要一位自願者

來協助我們在圖表上記錄結果。」告訴這位自願者要追蹤記錄每次儲存量的數字，也就是浴缸內的人數總量，然後將黑板、白板或簡報架翻到另一面，讓台下觀眾看不見。

「在第1輪遊戲開始之前，我想請每個人都自己做一下預測並寫在紙上，先不要與其他人討論你寫下的內容。你覺得如果進入浴缸的人數多於離開浴缸的人數，總量水準會增加、減少還是保持不變呢？」

第1輪遊戲：每個週期有兩名夥伴進入浴缸，但沒有人從浴缸離開。

步驟三：接著說：「好，讓我們來試試看！」指示兩名夥伴走進浴缸，並且不讓任何人離開，保持這個比例進行五次－每次兩名進入、沒有人離開。

這裡暫停一下，問大家：「發生了什麼變化？」讓一些人分享他們的預測，同時請協助畫圖記錄的夥伴向大家展示圖表，第五個週期結束時，浴缸內應該會有十六名夥伴。

重複這個相同的過程再進行三輪遊戲，浴缸中都是從六個人開始，但改變後續加入或離開的人數：

第 2 輪遊戲： 在前兩個週期，每次有兩名夥伴進入浴缸，沒有人從浴缸離開；後三個週期，每次只有一名夥伴進入浴缸，沒有夥伴從浴缸離開。

第 3 輪遊戲： 每個週期都有兩名夥伴進入浴缸，兩名夥伴從浴缸離開。

第 4 輪遊戲： 第一週期有兩名夥伴進入浴缸，第二週期有一名夥伴進入浴缸，接下來三個週期都沒有夥伴進入浴缸，但每個週期都有一人從浴缸離開。

對於第 2、第 3 和第 4 輪遊戲，按照與第 1 輪結束後相同的詢問及討論過程，請觀眾預測浴缸中的人數將會發生什麼變化，接著進行遊戲，然後討論預測和實際結果之間的關係。

以下摘要你將在四輪遊戲中體驗到的結果：

第1輪： 如果流入大於流出，總量將會增加。在這輪過程中，我們從 6 開始，在每個週期增加 2、流出為 0。總量增加情況為：6、8、10、12、14、16。

第2輪： 即使流量變小，如果流入還是大於流出，總量仍會繼續增加。從 6 開始，前兩週期的流入為 2，後三週期為 1，但在所有週期內，流出均為 0，因此總量增加情況為：6、8、10、11、12、13。

第3輪： 如果流入等於流出，總量將保持不變。從 6 開始，每週期流入流出均為 2，因此每週期總量為：6、6、6、6、6、6。

第4輪： 即使流入減少到 0，總量可能保持高的數值一段時間。從 6 開始，流入的數量為 2、1、0、0、0，在所有週期，流出均為 1。因此總量變化的情況為：6、7、7、6、5、4。

向觀眾解釋：「各位剛剛實際體驗了一個在各種系統中普遍存在的總量與流量的結構，某種物質的數量（如樹木、魚、人、貨物、雜物）隨時間增減，就是所謂的總量。總量本身不會直接改變，其高低只能通過調整系統進出的流量來控制。我們玩的這個遊戲非常簡單，但它卻解釋了氣候變遷動態下一個極為重要的事實。」

遊戲總結反思

詢問觀眾：「大氣系統跟浴缸有哪些地方很像？」
「如果你認為大氣累積二氧化碳和其他溫室氣體的方式，就像浴缸水位上升一樣，沒錯，你是對的。」

「大多數氣候學家認為，人類的溫室氣體排放速率幾乎是自然移除速率的兩倍；也就是說，浴缸的流入水量，是流出的兩倍。」

「當我們以可接受速率的兩倍在排放溫室氣體，僅僅減緩碳排的速率，仍將導致整體總量的增加，而不是減少。」

「即使減緩氣候變遷的政策可以讓溫室氣體排放量下降，大氣中的溫室氣體濃度仍將繼續上升，直到有一天真正能夠將排放量降至移除速率以下。」

在反思討論時，你或許可以使用一些當下的實際數字，來說明大氣中二氧化碳的總量以及年增長率，同時向觀眾呈現現在的減排計畫，並詢問這兩個數據有什麼關係。對於阻止溫室氣體濃度的增長來說，大多數政府和政府間的減排計畫都不夠積極。

05

生物多樣性遊戲

你無法僅僅改變一件事情

我們從各種面向攻擊大氣、水、土地，生命及其緊密交織出的生物多樣性系統，科學家們自己早已承認，他們無法完全理解會產生什麼樣的後果。

— Charles，威爾斯親王

根據國際自然保護聯盟瀕危物種紅皮書，受到評估的 64,000 種物種中有 20,000 種正面臨滅絕的威脅。

—國際自然保護聯盟 2012 年瀕危物種紅皮書

瞬間的破壞，可能需要數年才能修復。

—瑞典諺語

與氣候的鏈結

雖然生物多樣性科學尚未發展成熟，但我們都知道地球上的物種正在以越來越快的速度滅絕。有些理由認為不斷加劇的氣候變遷將加速物種滅絕的速度。

許多機制對生物多樣性已構成挑戰，生物通常適應於特定的溫度範圍和降雨模式，隨著這些改變，棲地適宜性也隨之會改變。對於一個物種來說，往往無法及時遷移到新的適宜棲地以避免滅絕，以一個極端的例子來說，當某一物種面對持續上升的溫度，逐漸移動到更高海拔的山區，當它們到達山頂時，就再沒有其他的地方可以因應進一步的溫度上升，進而導致滅絕。此外，農業區域的移轉將導引人口遷移到現在人煙稀少，但足以支持野生物種生存的地區，這些野生物種將被迫移出，而在新的區域尚未有足夠防禦之前，害蟲和掠食者卻早已進入這些地區。

每個物種都依賴其他物種提供食物、授粉、庇護、保護免受掠食者侵害以及滿足生存的其他需求。當一個物種消失，它肯定會以我們還無法準確預測的方式影響其他物種生存。

關於這個遊戲

這個遊戲的目的在強調物種並非獨立存在的概念。當某一物種滅絕，它必然會影響與其相互關聯的其他物種、進而導致消失。[5]

這個遊戲基於一個大三角形，以及其細分而成的九個相等小三角形。

這個三角形就像是生物多樣性，雖然相鄰三角形之間的相互關聯，顯然與物種間的相互依賴的關聯不同。從大群體中移除小三角形的過程，與未

氣候變遷遊戲引導書：22 個讓人更有效溝通氣候變遷的系統思考遊戲

來物種數量變化的資訊無關；然而，這個遊戲是提供一個重要觀點的共同體驗，有助於對於物種滅絕的非線性特性進行有意義的討論。

實際操作

- **人數**：這是一個可讓任意人數參與的大型遊戲，從一人到數千人都可以。如果你的觀眾是一個比較小的團體，也有足夠的時間，可以給每位觀眾一張繪有大三角形圖片的紙，然後當不同線條消除時，請他們用自己的鋼筆或鉛筆來確定三角形的數量會發生什麼變化。如果參

加人數較多且時間較少，你可以用投影片來顯示問題和答案，並在中間停頓夠長的時間，讓每位觀眾都可以對每個問題想好初步的答案。

- **時間**：所需時間取決於你玩遊戲的方式，從幾分鐘到二十分鐘不等。
- **空間**：這個遊戲非常適合一大群坐著的觀眾，但需要讓每位參與者都能聽見與看見帶遊戲的你。
- **裝備**：每個參與者都需要紙跟筆。
- **佈置**：繪製、影印，或以其他方式重新呈現書中此遊戲中的三角形圖示，最簡單的方法是用簡報投影每個圖形。

操作指令與腳本

玩這個遊戲時，請先不要向觀眾解釋目的，最重要的是要讓每個人都參與其中、並有足夠的時間

對你提出的問題想好答案。

步驟一：一開始就將大三角形呈現於白板、黑板或投影幕上。

「請看這個圖，當這九個小三角形按照圖示連接在一起時，會形成多少個不同的三角形？」強調所有觀眾都應該要有自己的答案，並給他們一分鐘的時間計算。

「這個圖形包含十三個不同的三角形。」讓觀眾看答案。「其中有九個小三角形，三個大一點的三角形，以及整個大的三角形。」

步驟二：詢問觀眾：「如果你拿走一個小三角形，會剩下多少個三角形？」給他們兩分鐘時間來決定他們的答案。

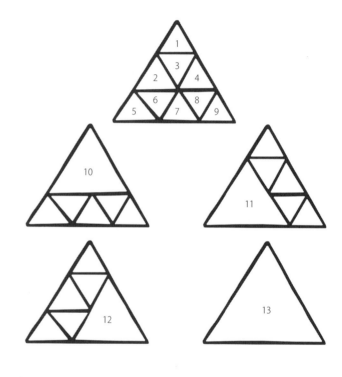

剩餘 9 個　　　　　　　剩餘 7 個　　　　　　　剩餘 7 個

「實際上，只拿走一個三角形是不可能的。如果你從這十三個三角形中拿走一個最小的三角形，因為它們的邊界是相連的，還會一併消失三個或五個其他的三角形，這取決於你拿走的是哪個，你將會留下一個只包含七個或九個三角形的圖形。」

遊戲總結反思

因為它們彼此相連，你不能只減少一個三角形的數量，拿走一個三角形也會讓其他三到五個三角形消失不見。物種之間的聯繫遠比這些三角形還要緊密，每當我們失去一個物種時，我們就無可避免地失去其他物種。

以下是在遊戲總結反思時，可以提出的一些問題：

- 「我們可以預期氣候變遷將引起哪些機制導致物種滅絕？」
- 「有哪些物種可能受到這些機制的威脅？」
- 「一個物種的滅絕會以什麼樣的方式威脅其他物種？」
- 「在現今氣候急遽變化的時期，我們可以做什麼來保存物種？」

06
空中畫圈圈

在複雜的系統中，我們的觀點影響我們採取的行動

現在需要改變觀點，將這個 [氣候變遷] 視為一個機會
（而不是負擔）……這是綠色成長的關鍵。

— *Thomas Heller*，國際法專家

世上有些國家，就像是在一艘大船上爭鬥的人們，當他
們爭鬥如何捕捉最大隻的魚，抬頭一看，意識到這艘美
麗的大船正在帶著所有人下沉，這些人的下一場戰鬥將
是為了基本生存，他們將需要依靠彼此，在遠離海岸湍
急海洋上漂浮。

— *Julie A. Barnes*，*The Amazing Seed Foundation* 創辦人

與氣候的鏈結

當人類面對特別複雜的問題時，我們都傾向於只看自己所在的系統，或者更糟的是將自己視為系統之外的人，並將問題歸咎於他人或其他群體。對於氣候變遷的問題尤其如此。

這個「空中畫圈圈」遊戲是一個探討氣候變遷不同觀點的絕佳體驗。例如科學家說減少碳排刻不容緩，然而大眾可能會（錯誤地）認為不需採取任何行動，因為氣候變遷很容易逆轉，這些都是截然不同的觀點。氣候變遷的倡議組織對可能會解決暖化下哪些人、哪些事需要改變有很強烈的意見，無論是政府、企業、北方或南方、一個國家還是另一個國家，這些觀點可能與跨國企業的訴求截然不同。

這個遊戲說明了我們的觀點如何影響我們在複雜

系統內外採取的行動，它巧妙地將團隊的注意力（以一種有趣且自然的方式）集中在思考自身的想法上。

關於這個遊戲

這個遊戲可作用於多種層面，其暴露了將自己、團體、組織，甚至是國家視為體制之外的本能傾向，並認為問題源頭存在於「與我無關的外部系統內」。當人們體驗這個遊戲時，很快就會發現因為切入同一系統的視角不同，他們的觀點會如何改變，他們還會發現，通過改變我們的有利視角，無論是在心理上還是在身體上，他們都有可能發現新的見解和新的槓桿平衡點。

當用於討論氣候變遷，這個遊戲可以幫助個人和

團體：

- 加強對「敵人在外面」症候群的認識；
- 指認切入氣候變遷議題的不同觀點，並探索自身觀點受所在位置影響之可能性；
- 為討論基礎結構的概念設定背景脈絡。

實際操作

- **人數**：這是一個不拘人數的大型遊戲，參與者可以坐著也可以站著。
- **時間**：二至十分鐘（依遊戲總結反思討論時間的長度決定）。
- **空間**：參與者可以豎起大拇指的空間大小即可。
- **裝備**：無。
- **佈置**：無。

操作指令與腳本

步驟一：請參與者在他們的頭上舉起一隻大拇指，並保持拇指一直指向上方。

步驟二：讓參與者用他們的拇指在空中順時針方向畫一個圓圈，始終保持拇指指向上方。（你可以自己示範這個動作）並向觀眾說：「各位目標是要順時針轉動你的手，並始終保持拇指指向上方，當各位的手開始轉動後，就不要停下來，也不要改變方向。」告訴他們繼續畫圓圈，並抬頭看著拇指的頂端。

步驟三：「現在，繼續順時針畫圓圈，慢慢地將手每次往下移動幾公分，直到移到你的面前。然後繼續用拇指畫圓圈，慢慢降低至腰部的高度，直到你可以向下俯視畫圓圈拇指，繼續在俯視下畫出圓圈。」

步驟四：詢問全體參與者：「你的拇指現在朝哪個方向移動？」此時，拇指將是以逆時針方向移動。

備註：你可能會發現，有些人在降下拇指時，會逐漸失去畫圓的完整性，他們的手會來回擺動成一條直線。如果你注意到這一點，可以建議大家重新開始，鼓勵他們在將拇指降下前，練習朝著天花板畫圈。你可能還會注意到，有些人在降低手臂時會改變圓圈的方向，此時只要點醒他們，並再次示範如何在降低手臂的同時繼續以相同方向畫圓。

遊戲總結反思

在反思前只需要問：「發生了什麼事？」最初得到的答案往往是從深思熟慮的「我的觀點改變了。」到幽默的「你欺騙了我！？」

當人們有機會再次嘗試時，他們大多會發現，在將拇指降下時，改變的不是他們拇指移動的方向，而是他們的觀點或視角。反思時可以從這裡朝向不同的方向進行，要看到人們驚訝和驚奇的情緒表現，然後將這種反應融入到可以改變觀點的對話中，以便更好理解複雜的系統，特別是氣候變遷。

作為總結反思的一部分，以下是你可能會問的幾個問題：

- 「你最初的反應是什麼？」
- 「你是否記得描述發生事情時使用的語言？」
- 「當你面對令人困惑或難解的情況，你瞬間的反應，是否有助於你理解個人形成假設的過程？或個人反應的行為？」
- 「這與氣候變遷有什麼關係？」
- 「我們有可能都從同一個觀點看待氣候變遷系

統嗎？你有其他看待氣候變遷的角度或方法嗎？」

你可以用這個遊戲來引起團隊的注意，讓他們對於持有不同觀點有所警覺。

將大拇指豎直舉在空中，說：「順時針方向代表著排放量較高的國家，以及他們對氣候變遷的觀點。」

然後放低你的拇指：「逆時針方向則代表願意以調適策略參與氣候變遷討論的國家。」

或者：
舉起大拇指，說：「科學家做出結論，認為我們必須立即減少碳排放！」

然後降下拇指：「從一般大眾的角度來看，似乎沒有必要採取行動，科技會拯救一切並逆轉氣候變遷的影響。」

氣候變遷系統的整體結構是不變的，會改變的是我們看待此系統的視角。

你也可以引系統動力學家 Donella Meadows 的觀點，來進一步帶領有關於氣候變遷相關視角觀點的討論：

「為什麼我們對於世界的單一認知，可以被傳播與被接受得如此廣泛，讓各種機構、科技、製造系統、建築、城市等，都圍繞著這種認知的方式而被形塑？系統如何創造文化？文化又如何創造系統？」[6]

當你走在一條複雜、彎曲、充滿障礙與意外的未知道
路上，只低頭看著腳步是十分愚蠢的；同樣地，如果
只看著遠方而不注意腳下，也是十分愚蠢的。你需要
同時關注短期和長期，也就是整個系統。

— *Donella Meadows*，環境領袖

有時候，我會從相機後方的觀景窗往外稍微看一
下，觀察我沒有看到的畫面邊緣，看看是否需要調整
相機的位置。

— *John Sexton*，紐約大學校長

跳脫窗戶，將可以看到更多光明。

—俄羅斯諺語

07

框架

要取得共識，需要先釐清你使用的心智模型

與氣候的鏈結

在一系列關於伊斯蘭蘇菲派傳道士納斯雷丁的民間故事中，蘊含了許多深遠的智慧。其中一個故事，納斯雷丁在他家外塵土飛揚的街道上，就著燈柱光線瘋狂地尋找著什麼東西，一個善良的鄰居走過來問：「先生（原文為 Mulla，伊斯蘭教中對老師或學者的尊稱），你丟了什麼？」納斯雷丁回答說：「我的鑰匙不見了。」那位鄰居是個好人，便趴在地上和納斯雷丁一起在灰塵中搜索。過了很長時間，鄰居對納斯雷丁說：「先生，你確定你把鑰匙丟在街上了嗎？」「哦，不！」納斯雷丁說：「鑰匙是在家裡不見的。」鄰居說：「如果你是在房子裡丟的，為什麼我們要在路燈下找鑰匙呢？」納斯雷丁回答道：「這裡的光線比較亮！」

就像納斯雷丁一樣，我們經常尋找光線更好的地方，當遇到問題時，我們會從我們熟悉的事物中找尋問題的根源。用系統思維的語言來說，我們說人們通常尋找「近因」－也就是在時空上都與問題較為接近的原因。然而，造成複雜難解行為的原因，通常與實際問題發生之處，不僅在空間上距離遙遠，在時間上也可以追溯到很久以前。

氣候變遷讓我們有充分的機會可以觀察這複雜因果在時空上差異的事實，我們知道，一個大陸的溫室氣體排放會對其他大陸的氣候模式產生重大影響，這也是為什麼全世界都關心在中國、印度、德國和美國等地大型燃煤發電廠的興建計畫，我們也知道在這些複雜系統中存在延遲的效應，很難說服人們對未來幾十年內產生變化的事情立即採取行動。

二氧化碳排放與氣候變遷間的關聯極長遠，且充滿時間延遲，即使人類排放的源頭在明天全部消失，全球平均溫度仍會在未來幾十年甚至幾個世紀內持續上升，因為人類社會過往已排放出的溫室氣體仍然存在。因此，因應氣候變遷所推動的行動和需要做出決策的時間，都比一般人習慣甚至願意考慮的時間框架更長。

當尋找替選方案或政策選擇時，往往會聚焦於所謂光線較好的地方，優先考慮那些能在此處與當下就能帶來效益的政策，但是，人類行為對於氣候產生的重要影響，通常會發生在遠離行為地點，而且在未來數年或數十年後才會顯現。有關二氧化碳排放、石油開採，或是保護瀕危物種等相關政策的辯論，都在在說明了人類的這種決策傾向。

關於這個遊戲

為了理解氣候困境並找到更有效的解決方案，我們通常需要有意識地、刻意地重新思考我們的困境，並重新界定它們的範圍，其中最困難的是我們往往不知道如何界定問題。如果我們看不到提出問題時當下設定的框架，即使舊有觀點持續阻礙我們理解和解決問題，我們也很難改變這個框架。當身處壓力之下，我們往往更加專注於能夠透過框架所看到的事物，較忽略這個限縮我們視野的框架本身。

這個遊戲展示了如何擁有我們自己看事情的框架，而不是被框架所左右。它有助於說明在定義問題和尋找解決方案時，選擇不同的框架或觀點所產生的影響，它可以鼓勵參與者在診斷充滿問題的系統行為，或者在設計理想系統時勇於嘗試不同的觀點。這個遊戲同時也揭露了為什麼兩個

不同的、聰明的、善意的人可能會對氣候變遷持有相反的觀點－其中一人認為這是一個嚴重的問題，而另一人則認為氣候變遷根本不存在。

這個遊戲還可以幫助人們在定義問題或解決方案時，更加開放地嘗試不同的時間尺度，它可以幫助我們更堅定且客觀地看待典範，並讓人們更願意去意識到自己對現實的看法可能與他人不同，也可能不是看待現實最有用的觀點。

大多數社會中都有幾個人們看待現實的框架，像是宗教信仰、經濟理論、自然科學或政治意識形態。這些框架就是所謂的典範，它像是一種濾網，過濾人們的思考，引導人們的注意力在特定形式的數據、傾向於特定的因果理論，並專注於既定的問題和政策。所有框架典範都有三個關鍵的面向：

1. 隱含的時間尺度。指我們思考問題相關資訊的時間範圍；
2. 地理邊界。界定我們尋找替代政策方案成本效益的地理界線；
3. 被認為是重要的因果關係。例如，許多經濟學家在提倡自身偏好的政策時忽略了來自環境的反饋；同樣地，許多環保人士在為自己觀點爭論的時候，也常忽略了價格體系的影響。

我們通常尚未確定哪個框架對解決問題最為適當，就投入大量的努力開始嘗試，數年前美國太空總署（NASA）曾經執行的一個研究實驗，就是一個很好的例子。1978 年，美國太空總署發射衛星 Nimbus 7 進入平流層，以收集地球上方高空重要大氣變化的長期數據；然而，設計實驗的人是在未經實際檢驗的典範框架下工作的，設計者假設他們不必測量臭氧濃度，因為他們相信這些濃度不會改變，他們在設定衛星上的電腦時忽略了

有關臭氧濃度的訊號，因此，雖然衛星確實感測到臭氧濃度的變化，但數據卻未傳回美國太空總署。如果當年的實驗設計者從不同的框架出發，我們就會更早地瞭解氯化烴類物質對地球臭氧層造成的嚴重損害。[7]

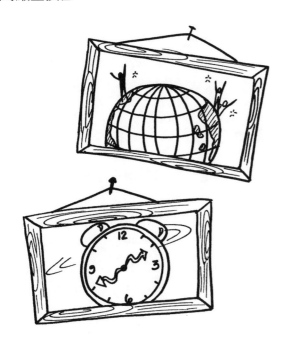

在我們周邊的世界發生重大變化時，看問題的框架更顯得重要，如果我們不習慣去改變自身的框架，即使當某一框架早已不適用於現況時，我們可能還是會不經意地保留舊有框架。公共行政和政策學教授 George Richardson 指出，在氣候變遷學習的背景中，有兩種框架或界線是特別值得探索的：地理（或空間）框架，以及時間（或時間尺度）框架。

1. **地理（或空間）框架：**空間界線定義了我們認為人們、組織和自然系統將受到人類行為影響的物理區域。如果我們採用的地理框架較為狹窄，我們將較少關注到那些發生在遠方的氣候事件後果，而比較關注在自家後院發生的事件。一些國家反對氣候變遷的倡議，因為他們認為在其境內氣候變遷是有益處的，這些國家的運作在地理框架下，忽略了自身行為在境外行動所造成的影響損害。

2. **時間（或時間尺度）框架：**時間界線定義了我們關心成本、效益或結果的時間尺度，例如一小時、一週、一年、十年、百年。大部分人對於遠期成本和效益通常比較不在乎，相對的，對短期成本和效益則關注的多。經濟學家甚至創造了「折現率」來表示以現在的價值而論，我們忽略或低估多少未來的成本。如果折現率很高，你會忽略未來幾年內顯現後果所帶來的徵兆。

這種時間框架造成的問題在任期較短的民選政客中尤其明顯，結果也具破壞力，而且每個人都必須承受其後果。如果人們能馬上切身地感受到溫室氣體排放的影響，他們可能會選擇減少排放的行為，但在氣候變遷的問題上，後果需要幾十年後才會出現，因此多數人會選擇忽略它們，並選擇現在生活方式所帶來的即時享受。所有導致氣候變遷的重要活動，都會在短期內至少為某些人

和組織帶來歡愉或名利。因此，只要他們持續以短期的時間框架來看這個問題，他們就會反對各種減少溫室氣體排放的可行計畫。

根據 Richardson 的說法，時間的尺度也有道德層面的問題。例如，如果你在一年的時間尺度內思考能源，你可能會關注價格和供應，但如果你採取兩百年的時間尺度來思考，你就無法忽視氣候變遷，以及世代間生活品質不平等的問題。

實際操作

- **人數：**這是一個可以讓任意數量人們參與的大型遊戲。
- **時間：**大多數人是在長時間、實質討論框架或界線概念過程中，需要以這個遊戲做為簡單的說明，如此五分鐘左右就可完成；如果你希望將此遊戲作為後續更廣泛討論的基礎，請留出

十五到三十分鐘的時間。

- **空間**：參與者只需坐在原地，但這個遊戲需要每個人距離你至少有約 6 英尺（2 公尺）的距離，而且每個人都應該要能看見你，這個遊戲的敘述是以你站在觀眾前為主，但你也可以根據需要調整為站在一個圓圈之中。
- **裝備**：無。
- **佈置**：無。

操作指令與腳本

請每位觀眾用大拇指和食指創造出一個可以看穿的圓圈，這就是他們的「框架」。

空間框架

步驟一：將房間以中線分為兩半，然後將雙手從身旁兩側伸直，請所有觀眾將他們剛剛用食指和

大拇指所形成的「框架」朝向你，並放在距離約一個手臂遠的正前方，透過這個「框架」看著你的其中一隻手。請你右邊的人聚焦於你的右手，左邊的人聚焦於你的左手。

此時，你的雙臂持續向兩側伸展，右手大拇指朝上、左手大拇指朝下，請所有觀眾透過他們的「框架」，將注意力集中在你所指示的手上。

步驟二：給觀眾下列的指令，每個指示後暫停十

到二十秒，讓觀眾有足夠的時間思考他們的反應。「所有認為我拇指朝上的人，請舉手。」（停頓片刻）「所有認為我拇指向下的人，請舉手。」（停頓片刻）通常情況下，房間內的兩邊意見會發生與彼此不同的情況。

步驟三：現在請觀眾用同一隻手保持他們的「框架」，並盡可能地靠近眼睛，原本視覺聚焦的位置（不論是你的右手還是你的左手）繼續保持在他們的「框架」中心。此時再次詢問大家，如果他們認為你是拇指向上的人舉手，然後暫停一下，請認為你拇指向下的人舉手，並再次暫停。這一次，通常你會看到房間裡的每個人都舉手兩次，當「框架」靠近他們的眼睛，他們會有更廣闊的視野，看到了更多的現實，一般情況下，他們可以同時看到你的兩個大拇指。通常，人們的分歧

並不是因為他們有不同的現實，而是因為他們的「框架」，使他們看向現實的不同部分。

時間框架

步驟一：提醒台下觀眾，現在場內被分成了左右兩半。再次請參與者透過他們的個人的手指「框架」觀看，這次將「框架」盡可能地靠近眼睛，並且全部看著你的右手。當你說「開始」時，所有人都應該開始觀察，五秒後，請房間左半部的人停止透過他們的「框架」觀察；而右半部的人將繼續透過他們的「框架」看著你的右手，再多看十秒－總共十五秒。

步驟二：伸出你的右手，只有大拇指朝上，並將所有的手指捏成拳頭。

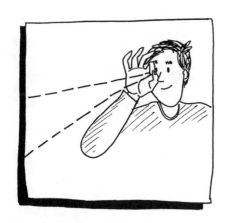

請每個人開始觀察，並開始計時。五秒後宣佈：「房間左半部分的人現在可以停止觀察了。」

再過五秒（總計經過了十秒），伸出你右手的所有五根手指。

五秒後，總共十五秒後，告訴房間右半部分的人：「你們現在可以停止觀察了。」

遊戲總結反思

以下是一些建議的討論反思問題：

- 「有誰觀察到我手上伸出的手指數量變了？請舉手。」
- 「有些人覺得我的手變了，有些人沒有。真相是什麼？為什麼理智的人會對這麼簡單的問題有不同意見？」
- 「這個遊戲與氣候變遷的觀察有什麼關聯？」
- 「在思考氣候變遷時，數據中隱含了哪一段的時間？」
- 「如何知道系統的時間尺度夠長，足以檢測到重要的變化？」
- 「在人們討論氣候變遷時，如何增加對時間尺度的討論？」

08

小組傳球

壓垮整個系統的最後一根稻草，可能只是一個非常微小的問題

對於指數性成長真正含義的不重視，使社會在應對關鍵問題時變得災難型的遲緩。

— *Thomas Lovejoy*，保育生物學家

全球暖化及隨之而來的種種變化，是第一個明顯的巨大徵兆，它揭示我們正快速地接近許多失控與崩潰的臨界點。

— *Dave Steffenson*，威斯康辛州跨信仰氣候與能源運動代理總監

最後一滴水會讓盛滿的杯水外溢。

—英國諺語

與氣候的鏈結

人們已經習慣了問題通常會慢慢增加，通常在問題出現時就可以處理，這顯示了人們對指數成長的作用和系統應對能力的深刻誤解。即使在受過高等教育的成年人中，這種謬誤仍然存在，為什麼呢？如今，大多數的成年人對於複雜因果和預期之外的衝擊，並沒有接受過明確的教育及觀察訓練，以及培養相關的技能，但這些技能是應對如氣候變遷、相互依賴的金融市場，以及生物多樣性喪失等全球影響問題所需要的。

在工業革命最初的數十年，人類活動對環境添加的溫室氣體量很少。因此，即使它們呈現指數增加，總量仍然極低，這些逐漸產生新問題，當時的人們仍有足夠能力可以應對。但我們正進入一個時代，越來越大的排放量呈穩定的指數增長，問題越來越多，而且累積的總量將有能力壓倒社會的適應力。我們可能不會看到緩慢的惡化，而是突然的崩潰。

關於這個遊戲

透過直接參與遊戲和對個人經驗的反思，可以瞭解像氣候變遷這種系統本質的挑戰。「小組傳球」遊戲是實現此目的極有價值的工具，此外，這個遊戲也十分有趣。使用球或其他可拋擲的物體讓人們從椅子上站起來，讓他們的血液循環起來，這個遊戲可以產生一些真摯的笑聲，並且幾乎總是可以帶出後面更為深刻的新見解。

具體來說，你可以用這個遊戲來實現以下目的：

• 說明一組簡單的規則如何產生複雜的行為；

- 讓參與者體驗到自己是系統的一部分，在這個系統中，行為模式快速地從解決問題轉向為系統崩潰；
- 打破工作坊成員初次見面時既定的社會形式隔閡；
- 讓人們意識到不同群體沉浸在相同規則的系統中時，會以相似的行為行事。

實際操作

- **人數：**這是一個參與性的遊戲，每個隊伍包括十五至二十人，如果參與人數超過二十人，請將團隊分成較小的小組，並依次引導每個小組進行遊戲。
- **時間：**視你想要執行演練的次數、參與者的程度，以及後續討論反思的時間，整體可能從十五到六十分鐘不等。
- **空間：**需要有足夠的開放空間，讓團隊成員間隔 3 至 5 英尺（約 1 至 1.5 公尺）圍成一個圓圈，由於會將拋擲物拋向空中，所以空間的天花板高度至少要達到 8 英尺（約 2.4 公尺）。
- **裝備：**一個白板或活動展板；每位參與者一個球或其他可拋擲物品（如網球或壘球）；一個盒子、購物袋、字紙簍或其他用來裝球的容器。
- **佈置：**將一把椅子放在你能夠觸及的地方，將球放入容器中，然後將容器放在椅子上，這樣無需彎腰就可以輕鬆搆到球。
- **需要考慮的事項：**如果有參與者無法接住、拋擲球或其他柔軟物品，你可以要求該位夥伴擔任過程中的觀察員，並在遊戲後的討論中提供評論和回饋。

操作指令與腳本

步驟一：將觀眾分成小組，如果小組超過二十人，請將他們分成較小的小組，讓每小組都不超過二十名成員。指定一個小組先開始（起始小組），而其他小組則扮演觀察者。這時，請與起始小組站成一個圓圈，並確保觀察小組與圓圈保持足夠的距離，不會妨礙到需要離開圓圈去撿球的人，但觀察員應該要站得夠近，以觀察整個遊戲的過程。

步驟二：跟參與者建立投擲的順序後，請所有的團隊成員將雙手手掌向外舉至腰部的高度，手肘彎曲。你做為遊戲的引導者此時將球投給其中一個人，在該位夥伴接住球後，請他或她尋找手還舉在腰部高度其他人，並將球投給他或她，然後放下自己的手。剛剛接到球的人將球投給其他人，然後也放下自己的手。你可以鼓勵小隊成員

不要將球丟給旁邊的人，而是丟向圓圈對面仍然舉著手的人。繼續進行，直到每個人都被投過一次球，並且每個人的手都放下了。

這部分的遊戲目標是準確性，而不是速度，用低手投球比較容易接住，如果有人掉了球，請他或她撿起來，然後繼續投球的順序。

請每個小隊成員記住在自己投球時，是誰接到了球，每個人在遊戲中都會有一名指定的接球者，在這個最初的投擲過程中，確保沒有人多次接球。

當所有人都放下手，在初始第一輪中的最後一個人應該將球投給從你那裡接過球的夥伴。

當那個人第二次接到球時（第一次是從你那裡接

到的），即停止建立投球順序這個過程。在遊戲實際進行中，最初從你那裡接到球的夥伴，將是小隊中最後一個接球人的指定接球者。因此，一旦你將球投進圓圈，球應該會持續在團隊中循環，除非有人掉了球。拿起剛才讓大家暖身的那顆球，然後將它放回容器中。

步驟三：向觀眾解釋遊戲規則：「小隊的目標是盡可能同時傳遞越多的球越好，為實現這個目標，你將不斷地從你上一位指定的投球者那裡接到球，然後將球丟給你的指定接球者。」

接著解釋你接下來會怎麼做：「我可以把球扔給任何一位我看到目前手上沒有球的人，我們一開始會慢慢來，但當我看到你們成功地同時傳遞越來越多球的時候，我會投越來越多的球進來。」確保每個人都聽到了這個說明，這同時也埋下了遊戲將會早早失控的伏筆。

如果現場有觀察員，請他們記錄關於遊戲過程中，小組可以同時傳遞球的數量。

步驟四：每個參與者的下一位指定接球者是誰？這時可以稍微測試一下，確保每個人都記得，也可以請團隊成員模擬投球，按照順序指向他們的指定接球者。你可以指向從你那裡接球的人開始測試，這個人再指向他或她的指定接球者，依此類推繞一圈，如果有人忘記了他或她的接球者是誰，請讓小組找出答案。在極少數的情況下，你可能需要再次將球傳遞一圈，以澄清或建立新順序。

步驟五：開始遊戲。將球投給你之前在確定接球順序時的第一個人，當小隊成員根據既定的順序開始傳球後，等待五秒，然後投進另一個球，等待三秒，接著開始不斷投入更多球，很快你就會壓垮團隊能夠保持傳球的能力。當人們開始掉球，通常是在遊戲進行十到十五個球後，你可以大聲敦促團隊將球撿回。為了提供更多的干擾並讓大家開懷大笑，你可以投進一隻橡皮雞或其他古怪但無害的物品。隨著混亂的增加，你可以更快速地向更多不同的人投球，即使小隊員已經明顯毫無招架之力，然後大喊：「好了，停下來！」

步驟六：換下一隊進行遊戲。如果你將團隊分成不同的小隊，則再次按照這些步驟執行，然後請其他團隊觀察傳遞的球數，在所有團隊都玩過後，到白板或活動展板旁開始後續討論與反思。

遊戲總結反思

這個遊戲可討論的內容極為豐富，下面是建議的總結與反思流程，你可以用輕鬆的方式引導你的觀眾們進行討論、呈現相關插圖，並為參與者提供充足提問和討論的機會。

- 一開始先拋出問題，讓觀眾有機會分享他們對這個遊戲的整體印象，以及分享他們對遊戲事件的觀察：「剛剛遊戲中發生了什麼事情？在這個遊戲過程中，小隊的行為如何改變？」

接著帶觀眾開始討論隨時間改變的行為，這是這個遊戲所呈現的重要系統概念。向觀眾解釋：「為了要更深入地瞭解到底發生了什麼事，讓我們來看看我們所觀察到的模式。一開始，我只投入了幾個球，小隊完美的完成傳遞拋擲，然後我投入了一些，你們仍然表現得很好。最初的行為，也

就是因應能力，在圖中顯示為模式一。」參考下面的圖示，可以畫在你白板或活動展板上。

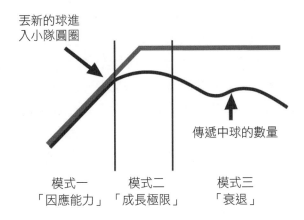

丟新的球進
入小隊圓圈

傳遞中球的數量

模式一 模式二 模式三
「因應能力」「成長極限」「衰退」

解釋說：「但之後小隊就沒辦法持續接住更多的球了，請大家聚焦思考一下遊戲接下來的傳球模式。」

解釋說：「一旦你們開始掉球，我就不再投入更多的球。請注意隨著時間的推移，小隊的行為模式其實經歷了三個模式：

- 首先是因應能力。當我投入更多球的時候，你們成功地接住了更多的球。
- 第二個模式是成長極限。當我投入了更多的球，一開始你們接住了更多，但隨著你們團隊處理球的能力達到極限，當我投入更多球時，你們開始無法處理。多餘的球怎麼樣了？這些沒被接住的球掉在地上然後被撿起來。
- 第三個模式是衰退。緊隨著第二個模式出現，儘管我沒有投入更多的球，小隊保持球傳遞的能力卻下降了，由於小隊成員被轉移去撿回掉落的球，讓整體團隊能接住與傳遞球的能力下降了。」

詢問觀眾：「為什麼會發生這種情況？你們要改善什麼地方才能做得更好？」給予參與者時間來討論和回應。

典型的回應有：

- 「一開始很容易，因為有很多時間來準備接下來的球。然後球開始來得更快，我們開始掉球。」
- 「我想如果我們多多練習，我們可以表現得更好。」
- 「我想如果所有的球都是一樣的，我們就不會掉這麼多球。」
- 「也許我們可以敲鼓或以其他方式來創造一個節奏，然後我們對著節奏就可以一起來傳遞手上的球。」

指出：「這個遊戲是社會處理氣候變遷問題能力很好的比喻。」

要求參與者想像一下小組傳球的遊戲如何說明與氣候變遷動態相關的行為。例如，你可以問大家：「當我們考慮氣候變遷的後果時，我們如何看待在『小組接球』中體驗到的三種行為模式？」暫停一下讓觀眾可以討論，然後解釋：「我來舉個例子：如果你面臨一個問題，比如洪水，那麼你就會處理解決這個問題。然而，如果問題的數量越變越多，例如洪水、風暴、作物損失和害蟲等，那麼系統可能會變得不堪負荷，最終崩潰。」

09

手心向下

面對複雜情況時，別只專注於事件發生處

看不見，心中就不會掛念。

－英國諺語

我們的國家會計制度與國民經濟完全不符，因為它不
是我們生活的記錄，而是我們消費的熱度圖。

－ Wendell Berry，小說家與環境行動主義者

登高山才能看低處。

－中國諺語

與氣候的鏈結

提供給政策制定者的數據訴說著我們的經濟體系和科技發展，人們往往傾向在經濟行動和技術革新的範疇內，尋找解決問題的方法。對抗氣候變遷行動的討論集中在經濟誘因（例如：碳稅、電價、反映外部成本的稅收），或者是技術研發（如提高能源效率、從排放中去除二氧化碳更好的方式、更高效能的太陽能裝置等）。然而，有關人口和生活方式的數據相對地較少，因此這些範疇仍然在政策討論之外。這個遊戲旨在向參與者呈現，一個人參考來源的框架如何影響他所考慮的解決方案，並鼓勵參與氣候辯論的人，能在尋找決定行動的數據時更具創造力。

關於這個遊戲

這個遊戲有助於讓我們意識到那些未經審視的假設，它可以鼓勵參與者放慢腳步，審視每一個假設，尤其是探索那些雖然能讓我們在現實中盡到責任，但同時也蒙蔽我們雙眼的無意識假設。我們最需要且最常被忽視發展的技能，就是從宏觀角度切入，拓展視野；當我們視野越廣，我們可以接收的數據就越多，採取有效行動的可能性也就越多。

實際操作

• **人數：**這是一個大型遊戲，只要所有參與者都能看到你的動作，任何數量的人都可以參加。如果你的觀眾是一個較小的團體，比如說八個人或更少，你只需要使用你的手和五、六支筆；對於較大的團體，可以使用白板或者簡報架。

- **時間**：根據團體的大小和回饋反思的程度，時間為五至十五分鐘不等。
- **空間**：這個遊戲需要足夠的空間讓觀眾能夠圍繞著你，或者觀察簡報架上紙張的內容，坐著的觀眾可以輕鬆地參與這個遊戲。
- **裝備**：
  八人以下的小團體：六或七支筆。
  八人以上的大團體：簡報架、容易從遠處看到的粗麥克筆。
- **佈置**：最好是簡單的設定，讓你能自然地拿起筆或翻轉簡報架上的紙張，並在框架上畫圖，這樣效果會較好。

八人以下小團體的操作指令與腳本

步驟一：向觀眾解釋：「我將使用密碼向你顯示

介於一到五之間的數字，只有整數，你的目標是破解我的密碼，並理解我展示給你的每個數字。當然，在你理解程式碼之前，最初幾次你可能會犯錯。」

將筆放在地板上或桌子上，讓整個團隊都能看到，在放置筆時稍微仔細一些，就好像你正在按某種特定的模式排列它們。

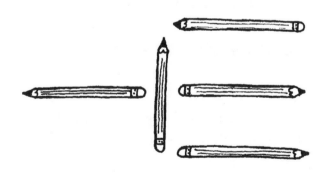

步驟二：在將筆排列在你面前後，將閒置的手平放在表面上，所有五個手指都伸直。問觀眾：「我顯示的數字是多少？」然後暫停一下。

步驟三：某些觀眾會分享答案，許多人會說出桌面或地上筆的數量，有些人會嘗試找出「代碼」將筆的排列方式解讀為某個特定的數字。也可能有人猜對了答案，像在這個情況下是五，你展示的手指數量就是回答「我展示了哪個數字？」的答案。接著再試幾次，變化一下手指展示的數字，進行三到四個回合後，然後進到討論。

八人以上大團體的操作指令與腳本

步驟一：在白板或簡報架紙的右上角畫一個大矩形，在矩形內部畫一組三個或四個簡單的記號。在這個過程中，你要表現得好像你正在按照某種特定的模式排列它們。

步驟二：當你在矩形內部畫記號的同時，輕鬆地將你沒有拿東西的手放在圖面上，五個手指都伸展開來。問一下團體：「我顯示的是什麼數字？」然後暫停一下，接著說：「數字是五。猜對數字五的有誰？」通常大約五分之一的人會舉手。「讓我們再試一次。」把舊的圖案劃掉或擦掉，然後用四個或五個記號畫出一個新的圖案。

然後輕鬆地將你閒置的手移開，再放在圖面上，這次只有三隻手指伸展開來，問一下：「我顯示的數字是多少？」然後暫停一下，接著說：「數字是三，猜對的有誰？」再進行一次，這次只伸出兩個手指。當你宣佈答案是二的時候，觀眾中會開始有一些沮喪的情緒。

步驟三：停止在矩形內部繪製符號，然後迅速進行下一步。將你的閒置手放在圖板上，只伸出大拇指：「現在我顯示的是一。」把你的手換成伸出

四隻手指的樣子：「現在我顯示的是四。」再重複幾次，每次顯示不同數量的手指，直到人們理解了你的密碼。最後說：「你是不是一直在矩形內尋找資訊？這與真正的數字無關。這個密碼非常簡單。但只要你一直專注於矩形內部，你永遠都無法理解它。」

遊戲總結反思

在沒有深思熟慮的討論和反思之前，這個遊戲很容易陷入困境，讓參與者感到沮喪，甚至覺得受到愚弄。此時請確保他們能夠理解，即使是再聰明、再謹慎的人，如果他們的注意力被錯誤訊息吸引，也是會被欺騙的。如果你在遊戲中是畫一個矩形，你或許可以在這個活動中特別使用「超越思維框架（think outside the box）」這個詞語，會特別有用。

以下是一些建議總結反思的問題：

- 「我們在討論氣候變遷時使用了哪個框架來定義相關數據？」
- 「是誰決定我們應該使用這個框架或界線？」
- 「在考慮有關氣候的資訊時，有什麼更有用的框架界線？」
- 「我們如何改變在討論氣候變遷時，人們心中隱含的框架或界線？」
- 「政府喜歡使用國民生產總值（GNP）資料作為報告決策結果的框架，然而，GNP 的計算將有益的活動與有害的活動混在一起，而且 GNP 的計算忽略了當前人類活動產生的未來成本。我們如何修改 GNP 的框架以幫助避免損害氣候的活動？」

10 漁獲

長期來看，個人往往從合作中獲得比競爭更多的益處

削減碳排之所以如此困難的原因之一是氣候變遷為全球性的，排放最多溫室氣體的國家都需要採取行動來解決這個問題。這就引出了一個經典的經濟困境，稱為「共有財的悲劇」。

— *David Kestenbaum*，
美國國家公共廣播電台科學記者

如果你捕不到魚，別怪大海。

—希臘諺語

公共的庭院無人打掃。

—中國諺語

與氣候的鏈結

我們的「共有財」是指我們所有人都依賴且都有責任的資源，例如空氣、水、土地、高速公路、漁業、能源和礦物資源；而對這些資源而言，當涉及共有財時，我們的行為是令人驚訝地自私。1968 年，生態學家 Garrett Hardin 將這種奇怪的行為用一個詞語來描述，他稱之為「共有財的悲劇」。

我們需要如空氣、水、魚等共同的資源，來讓我們生活地更加富足；然而，如果沒有關於如何管理這些共同資源的集體協議，這些共有財通常會被過度利用，進而導致人類福祉所依賴的資源耗竭。全球的大氣是一個共同資源，當各國根據自身利益排放大量二氧化碳時，各國會迎來即時的收益，例如更高的經濟成長，但他們並未體驗到全球暖化所造成的未來，以及遠方其他國家的損失。如果只有一個國家排放大量的二氧化碳，可能幾乎不會產生負面後果，但當許多國家排放大量二氧化碳時，每個人都會受到影響。

「漁獲」遊戲讓參與者有機會可永續地管理共有財，利用想像中的漁業，參與者可以嘗試不同的合作和夥伴關係模式，以避免共有財的悲劇發生。

關於這個遊戲

「漁獲」讓參與者體驗到，使用有限的可再生資源來最大化自己的短期利益，將帶來怎麼樣的長期後果。這個遊戲也揭露了在系統中，如果有一些參與者（無論是個人、組織還是國家）長期主宰，會對集體利益所造成什麼樣的危害。[8] 這個遊戲可以用來探索「共有財的悲劇」的典型樣態，

以及隨之而出現的「先惡後善」現象。[9] 在「先惡後善」的情境中，為了產生根本的、長期的解決方案，通常使得短期內的情況更糟。當政治家或經濟學家在選擇政策時，只關注短期的成功指標時，長期結果可能是悲劇性的，這一個事實在社會的許多領域中得到了生動的證實，特別是在公然過度利用如漁場等自然資源，在許多地區，過度捕撈已大大降低了魚類的再生能力。

為了長期使用可再生資源，通常需要在短期內接受產量減少，實施永續政策需要對於系統長期動態的瞭解，進而將長期福祉置於短期利益之上，並信任其他人能夠遵守短期約束，「漁獲」這個遊戲則為團體提供了體驗這些原則的一個絕佳機會。

實際操作

- **人數：** 這個遊戲最少需要四個參與者，對大約四十人左右的參與者效果最好。
- **時間：** 約三十至五十分鐘。
- **空間：** 你需要選擇一個可以容納三種活動的空間。首先，你將向參與者介紹遊戲，然後開始遊戲，最後則引導參與者進行遊戲總結反思對話。最方便的方式是在一個足夠座位的區域，用白板或簡報架來進行第一和第三個活動，第二個活動則需要一個空間，讓人們可以分成二至六人為一組的團隊，這些團隊應該能夠坐或是站得夠遠，以免偷聽到彼此的對話。
- **裝備：** 每次遊戲都需要一個像是奶粉罐或相同大小的大容器來代表海洋；三百枚大小的相同硬幣來代表魚；每組需要一個類似紙質咖啡杯的容器來代表他們的船，使用顯眼且易於看見的數字（1、2、3 等）來編號容器；每個小組需

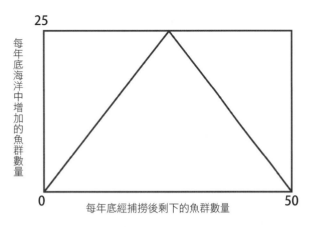

圖 1　魚群再生

（縱軸）每年底海洋中增加的魚群數量

（橫軸）每年底經捕撈後剩下的魚群數量

25

0　　50

此圖為空白且僅有標題，
用於遊戲後呈現結果

圖 2　全體撈捕數量

要十張紙，索引卡效果很好。兩塊畫出左圖的白板或是畫在簡報架的紙上，放在空間中讓觀眾能夠容易看到。

- **佈置**：將五十枚硬幣放入海洋中，並將剩下的硬幣放入附近一個參與者碰不到的容器中，將十張空白的紙放在每個小組的船上，將參與者分成人數大致相等的兩到六組，每個小組可以有二至七名小隊員。為每個小組分配一個編號：如 1、2、3 等。小組可以坐在房間的任何地方，但彼此的距離要夠遠，以免一個小組聽到另一個小組的策略。他們也不應離前面太遠，以便他們可以看到白板並聽從你的指示。如果時間允許，你也可以鼓勵參與者給他們的船取個名字。

操作指令與腳本

步驟一：建立將要參加遊戲的小組，請每個小組

的隊員站在一起。開始介紹遊戲的時候要說：「恭喜各位！你們每個人剛剛成為了一家漁業公司的成員，我們現在擁有一片富饒的海洋。」（舉起代表海洋的容器，大聲晃動其中的硬幣。）「每個小隊的目標是在遊戲過程中，最大化你們的漁獲；所以，每個小組都有一艘配有最尖端科技的漁船。」舉起其中一個你選擇代表船隻的容器。

接著請慢慢朗讀以下的遊戲規則，然後回答參與者任何問題。

遊戲規則

1. 你們團隊所扮演的角色是漁業公司。
2. 你們團隊的目標是在遊戲過程中為自己捕最大量的漁獲。
3. 海洋中最多可以同時存在五十條魚。遊戲開始時，海洋中有二十五至五十條數量不等的魚，但確切的數量你不得而知。
4. 每一回合代表一年，我們將進行六至十回合的遊戲，也就是六至十年，在遊戲結束前，你不會知道確切的回合數。
5. 每一年你的團隊需要提出一個期望的捕撈請求，每個請求必須是介於零至八條魚之間的某個整數。
6. 每一回合，你們要將數字寫在一張紙條上，將紙條放入小隊的船中，然後將船拿到前面給我。
7. 我會隨機重新排列船隻，然後按順序評估每個小隊的捕撈請求。
8. 如果捕撈請求超過了海洋中剩餘數量的魚，該小隊的船在那一年將會捕不到；然而，當某團隊的捕撈請求可以被滿足的時候，我會在他們的船中放入請求數量的魚。
9. 然後船隻將依編號返回各自的團隊。
10. 海洋中的魚則將根據圖 1 再生。
11. 除非最後回合出現，否則接續開始下一回合。

接著解釋白板或簡報架上的圖 1 的線：「這個線代表，如果滿足各小隊的捕撈請求後，海洋中沒有剩下魚，那就不會有新的魚產生；不過，如果在填滿所有捕撈請求還後剩下 25 條魚，那麼將會新增 25 條魚，以使海洋的乘載力達到 50 條；所以如果剩下 38 條魚，則將新增 12 條。」

步驟二：進一步解釋：「現在，請各小隊制定長期策略，然後我們將開始第一回合，請各小隊決定你們第一年的捕撈請求，將數字寫在紙條上，把紙條放在你們的船上，然後將船送過來給我。」給團隊幾分鐘的時間來討論他們的長期策略，並請他們提交第一個捕撈請求。

步驟三：在收到所有的船之後，將各小隊的船隻放在你面前的桌子上，然後閉上眼睛，隨機重新排列這些船，接著睜開眼睛，將結果得到的船排列整齊成一條直線，並讓所有參與者都可以看見船的編號。隨機排列的用意是要讓各隊的捕撈請求隨機進行，船隻編號 1 號者，並非首先被考慮者，而第一個將船隻送過來的小隊，也不保證能夠最先獲得剩餘漁獲的分配。

步驟四：從最左邊的船開始取出紙條，但不要讓大家知道該小隊的捕撈請求數量，如果海洋中有足夠的硬幣來回應這個請求，則取出相應數量的硬幣放入這艘船中。然後，如果海洋中的硬幣數量足夠，則繼續處理排在線上下一艘船的請求，以此類推。如果一個請求的數量大於海洋中剩餘的魚的數量，請將該紙條放回那艘船，但不要放入硬幣，然後繼續下一艘船，當你處理完所有的請求後，請各團隊將他們的船取回。

步驟五：請各團隊決定他們的下一回合的捕撈請

求後，將他們的船送到前面給你。在他們這麼做的同時，數一數海洋中的硬幣數量，並參考再生曲線，以決定要添加多少新的魚到海洋中，這並不困難。對於剩下魚群數量在 25 到 50 之間，你需要添加足夠的硬幣，使罐中的總數回到 50。在 25 以下的魚群數量中，你只需要加入與海中剩下魚數相同數量的硬幣即可，例如，如果罐中剩餘 12 枚硬幣，你就需要再放入 12 枚硬幣。

步驟六：接著收集遊戲第二回合，也就是第二年的船隻，處理捕撈請求，然後繼續進行遊戲。如果團隊快速地捕捉了所有的魚，那麼讓他們再經歷一至兩回合體會自己沒有魚可以捕捉的錯誤後果，然後再停止遊戲。如果你可以看出整個團隊已經採取了一個能夠保持魚群在最大再生點附近的策略，你也可以停止遊戲。但對於大多數團隊來說，通常至少需要進行六到八個循環，才能讓

參與者體會到他們的決策後果。

遊戲總結反思

通常情況下，會有一、兩個團隊採取積極的策略，在遊戲早期提出大額的捕撈請求，這會導致魚群減少，降低了其他小隊的可能的漁獲量。有時候，需要努力協調所有小隊的決策，來達成在整個遊戲期間永續再生的總捕獲量，但這種努力通常會失敗，因為要麼有一、兩個團隊不在意，要麼基於對每年最大漁獲量的錯誤估計。

接著跟參與者一起討論再生曲線（圖 1），再生曲線顯示，每年最多可以添加 25 條魚到海洋中；因此，每年可持續捕獲的最大數量是 25 條魚。十年內，理論上可以在不會減少海洋豐富度的情況下捕獲 250 條魚，將這個數字除以團隊的數量，即

可估計出每個小隊的最大總漁獲量。如果每年平均總漁獲量低於 25 條魚，就是過度捕撈的結果。

讓每個小隊到教室的白板或簡報架前來報告他們總漁獲量，接著引導大家針對他們剛剛的遊戲體驗進行討論。

- 在遊戲中發生了什麼事情？
- 群眾心理是如何導致這個結果的？
- 遊戲規則對這個結果有什麼影響？
- 在這個遊戲中，所有團隊可能最大漁獲量是多少？
- 團隊實際上的漁獲量是多少？
- 在這個遊戲中是否有贏家？
- 為了讓所有團隊有最大漁獲量，各位必須遵循什麼政策？為什麼這些政策可能不被遵守？
- 在現實生活中，你可以在哪裡有類似遊戲的體驗？

- 在現實生活中，有哪些政策可以讓可再生資源更加永續地被使用？

請參與者思考在現實世界中，關於氣候和大氣等公共財的政策。

- 「什麼是對應氣候可以永續持續的關鍵？是大氣吸收溫室氣體的能力。在現實生活中，有哪些政策可以讓我們更永續地使用這項公共財？」
- 「『搭便車的行為』是指試圖在這些團體的政策中，不願付出短期代價，又想獲得長期利益的參與者。『搭便車的行為』極可能會破壞群體內試圖談判達成的妥協方案。在氣候變遷的情景中，你在哪裡看到了這些『搭便車的人』？」
- 「在這個遊戲中，參與者體驗到公共財如何迅速且出乎意料地崩潰。你如何有效地向其

他人說明與溝通氣候快速、突然變化的可能
性？」

- 「在團體嘗試定義和解決涉及複雜自然／社會
  系統的問題時，你對如何改進討論有什麼見
  解？」

- 「有哪些方法可以監督和管理這些公共財？」

在「漁獲」遊戲中，過度捕撈一開始會立即獲得
明顯的利益，而超過捕撈可再生數量的後果開始
不明顯，會在幾個回合後才顯現，而且人們不容
易理解背後的因果。氣候相關的政策和行動如何
克服這種時間的延遲，並取得迅速積極的結果
呢？

11

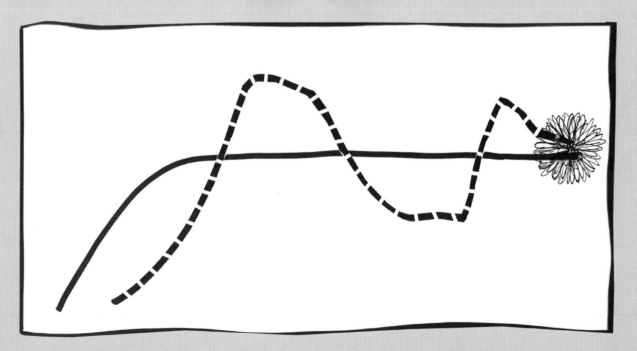

命中目標

**從感知到做出反應之間的時間延遲，
可能導致決策判斷的失準**

無論是個人或全球的尺度，造成決策判斷失準的三個原因是相同的。首先，情況急遽改變；其次，存在某種形式的限制或障礙；第三，努力將系統控制在一定限度內，存在認知與反應間的錯誤或遞延，這三個因素是造成決策判斷失準的必要且充分條件。

— *Donella Meadows*、*Jorgen Randers* 與 *Dennis Meadows*，
《成長的極限：回顧過去 30 年》

僅僅瞄準是不夠的，你必須命中。

— 義大利諺語

氣候系統中存在著極長的時間延遲，開發更高效率的交通工具、建築、以及新的碳中和技術需要時間，而用這些新的技術取代現有能源消耗和能源生產基礎設施需要更多時間。在減排和大氣溫室氣體濃度變化之間、在溫室氣體濃度和全球平均氣溫之間、在氣溫和冰層變化、海平面上升、天氣模式改變、農業生產力、物種滅絕率和疾病發生等對有害的衝擊之間，都存在更進一步的延遲。

— *John Sterman*，麻省理工學院系統動力學小組主任

與氣候的鏈結

面對如今不斷上升的溫室氣體排放，人類社會軟弱的回應是合理的，因為人們假設當氣候變遷造成的損害最終變得嚴重時，社會將能夠以迅速的行動阻止它變得更加嚴重。這種觀念是錯誤且危險的，它忽視了氣候問題中一連串感受到問題到反應遞延而產生的動態後果。在氣候系統中存在許多延遲的狀況：從不斷上升的碳排到溫室氣體濃度增加，從濃度升高到大氣熱量上升，從上升的熱量到不斷發生的生態危害。

對於認知氣候變遷損害的延遲，使得氣候議題形成科學共識、達成政治共識，以及實施新政策更加困難，不幸的是，這樣的延遲將無法讓氣候損害保持在可接受的限度內，當人們對氣候變遷損害的認知成為普遍共識時，再來阻止情況惡化就已經太遲了。

關於這個遊戲

我們設計了這個名為「命中目標」的遊戲，是為了能說明即使在感知和反應之間只有一些延遲，也會阻礙人們迅速而準確地達到目標。這個遊戲呈現出當行動和最終後果之間存在一系列延遲時，判斷失準將變得無可避免，隨著延遲時間變得更長，失準的問題將變得更嚴重。

實際操作

- **人數：**這是一個示範性的遊戲，你需要三名參與者參與示範，其餘不限數量的觀眾可以當觀察員。
- **時間：**大約需要二十至三十分鐘。
- **空間：**你需要在觀眾前方，有一個空間可以容納三名參與者和一個大白板、黑板或簡報架等供書寫平面來執行遊戲。

- **設備：** 大型可供書寫的平面；夠粗，可以讓所有人看見的麥克筆；兩個舒適，可以供配戴十五分鐘的眼罩；三個名牌：「行政管理者」、「政治家」、「科學家」。
- **佈置：** 準備好所需的器材及名牌。

操作指令與腳本

步驟一：在白板或黑板上畫出一個大圓圈，直徑至少要有 2 英尺（60 公分），越大越好。在圓圈的中間標記一個點，在圈內寫上「麻煩」，在圈外寫上「混亂」。

步驟二：接著向觀眾宣佈：「我需要一位能自在地戴上眼罩幾分鐘的時間，並且可以用他或她右手畫畫的自願者。」如果沒有人迅速站出來幫助你，選擇坐在前排符合這兩個條件的某位觀眾，邀請他與你一起站在觀眾前。交給第一位自願者一支麥克筆，然後告訴觀眾，這個人代表著「行政管理者」，並將對應的名牌交給他或她。

接著對第一位自願者說：「接下來將會進行三次遊戲。在每次開始時，你將用右手把筆尖點在圓圈中央的點上，我會在圓圈上標明一個目標點。當我說『開始』時，你的目標是將筆尖從中心點移動到我所指的目標，越快越好，只有在筆尖準確地停在目標中心時才停下來。我會告訴你何時該停下來，在每次遊戲進行的時候，請將

筆尖與表面保持接觸，這樣每個人都能看到你從中心點到目標的路徑。」

解釋這個遊戲其實是對氣候變遷的一個隱喻：「圓圈中央的起點代表今天溫室氣體（GHG）的濃度水準，我每次在大圓圈某個點上畫的目標是可以讓地球永續發展的濃度。行政管理者的筆從中心點移動到目標所花費的時間，代表在達到氣候永續前社會經歷各種問題與麻煩的時間。當然，如果行政管理者超過了目標，我們將面臨混亂。」

「很明顯地，我們希望盡快結束這些麻煩，因此，我要求你盡可能地快速從起點移動到目標，在三次遊戲中，我會請一名觀眾計時，而這張圖就代表你的執行成果。」

步驟三：在觀眾中找到一位手錶有秒針的人，請這位觀眾幫助你測量行政管理者在三次遊戲中到達目標所需的時間長度。在大圓圈上的某個位置繪製一個直徑為 1/2 英寸（1.25 公分）的小圓圈，作為你的第一個目標。然後說：「開始！」在這第一次遊戲中，行政管理者應該能夠迅速而直接地將筆從起點移動到目標的中心。當筆完全位於小的目標圓圈內時，說「停！」請計時者宣佈所需的時間長度，將這線條標記為線 1，並在大圓中間的線旁邊寫下從中心到目標所需的時間。

步驟四：請第二位觀眾上前，找一位可以自在地戴眼罩並且是右撇子的人，這個人代表政治家，讓新的自願者戴上相應的名牌，並面向畫著圖表的白板或簡報架。給行政管理者（拿著筆的人）戴上眼罩，然後將行政管理者的右手放在大圓圈中心的點上，同時將行政管理者的左手放在二位觀眾（政治家）右手食指上，政治家站在行政管理者左側且背對觀眾，政治家可以看見大圓圈，但不允許說話。政治家只能通過移動自己的右手

食指來與行政管理者溝通，指示筆該移動的方向。
這時向兩位在臺上的參與者以及觀眾說：「我們再
一次有同樣的目標：命中可永續發展的目標，這
次我會在大圓圈上不同位置畫一個新的目標，在
我說『開始！』之後，代表行政管理者的人，必
須嘗試將筆從起點迅速且準確地移動到我在大圓
圈上指示的新目標。」

「然而，現在行政管理者被蒙上了眼罩，無法看
見，因此行政管理者必須在政治家的引導之下一
行政管理者只能依靠政治家手指的移動來找到目
標。政治家當然可以看見大圓圈，但不允許說
話，也不能觸摸大圓圈，我們在觀眾中的計時人
員將再次測量所需要的時間。」

在大圓圈上距離第一個目標較遠的地方繪製一個
新的目標，並確保你的計時者準備好手錶，然後
說：「準備好了嗎？開始！」

確保畫線的人保持筆與白板或簡報架的接觸，以
便你和觀眾能夠看見從起點到目標發展過程的線
條。儘管需要更長的時間，仍然是有可能成功達
到永續目標的，這條線將會有更多的彎折，並且
可能會超過目標，短暫進入標有「混亂」的區
域，然後在目標中心停下來。請確保告訴計時的
夥伴，只有當筆完全位於小目標圓內才停止，而
不僅僅是接近目標。將新的線標記為線 2，並在第

二條線旁邊寫下完成任務所需的時間。

步驟五：現在請第三位觀眾上來，這個人將代表科學家，將最後的名牌交給這個人。保持行政管理者（拿著筆的人）的眼罩，讓他繼續拿著筆，給政治家（第二位自願者）戴上一個新的眼罩，並將第二個人的左手引導到第三個人的右手食指

上，將行政管理者右手中的筆引導回大圓圈內的中心點。科學家的眼睛是沒有被遮蔽的，而第一位和第二位志願者則戴著眼罩，必須依靠他們的觸摸。遊戲的整體目標保持不變，在距離原來兩個目標都有一段距離的位置，設定一個新目標號，說：「開始！」行政管理者應該儘快地將筆從起點移動到目標的中心，但是這一次的指導將來

自更遠的地方，並涉及另外兩個人，這意味著更長的延遲。 結果很可能是一條更加彎曲的線，行政管理者可能需要更長的時間來完成任務，在混亂區域可能會花費更多時間。在達到目標後，將這條線標記為線 3 並記錄完成此線所需的時間。

步驟六：現在，你可以告訴兩名自願者取下眼罩，並收回他們的名牌，感謝他們三人出色的表現，並請他們回到位子上。

遊戲總結反思

- 「在觀察這三條線時，你觀察到什麼趨勢？」
- 「是什麼原因使最後一次的努力比第一次要慢得多，且不夠精確？」
- 「在氣候變遷系統中，你認為排放和生態破壞之間的連鎖反應中在哪裡有延遲？」

- 「這個遊戲對我們控制溫室氣體排放的過程有什麼啟示？」
- 「隨著發展科學和達到政治共識的過程變得越來越長，我們是否應該預估氣候變遷會造成更多或更少的傷害？」

12

真實循環

建立一個能夠協助實現目標的系統，
更容易達到你的目標

正回饋循環的產生在於一個小變化引發更多相同類型的大變化，例如，輕微的升溫會使北方氣候區域的冰層融化，但裸露地面吸收的熱量是被雪或冰覆蓋地面的三倍，因此這種變化加大了最初的升溫，進而導致更多的冰層融化，吸收更多的熱量，引起不斷增加的循環。

—*Nicholas Kristof*，《紐約時報》專欄作家

我們必須時刻警惕不正當的動態過程，即使是美好的事物也會過度，正是這些過度的存在，讓事物成為最邪惡的存在。魔鬼畢竟是墮落的天使。

— *Kenneth Boulding*，經濟學家

對抗已經存在的現實，永遠沒辦法改變事情；要改變現況，就要建立一個能夠使現有模式過時的新模型。

— *R. Buckminster Fuller*，數學家

與氣候的鏈結

是什麼導致地球氣候變遷？要回答這個問題，就必須瞭解回饋，這裡指的「回饋」一詞不是指稱讚或批評，不是像「我的老師對我的作業給予了回饋」一樣。在系統的專業術語中，回饋是指引起不同行為模式的因果循環過程：穩定、成長或衰退。

回饋循環－尤其是正向且強化的回饋循環－是導致全球氣溫升高的重要因素。這裡就有一個北極的正回饋循環的例子：隨著平均溫度上升，北方氣候中的冰雪融化，夏季冰雪融化更多而冬季降雪結冰減少，當太陽照射到地球，一部分被反射回太空，一部分被吸收。隨著冰雪減少，水體增加，反射就越少，因此更多太陽熱量被水體吸收，結果就是水溫進一步升高，導致更多的冰雪融化等不斷循環。

關於這個遊戲

「真實循環」的遊戲幫助參與者理解簡單的正負回饋循環中固有的結構和行為，[10] 這個遊戲也說明個人和團體如何使用回饋循環來實現預期目標。

「真實循環」可以作為一種快速且簡單的方式，來提高人們對系統運作方式的理解，證明系統行為是由系統內部相互關係所產生的，而系統中一個元素的變化可以改變該系統的行為。這個遊戲鼓勵參與者猜猜看簡單改變循環（從正到負或相反），或循環類型（開放或封閉）所產生的衝擊，然後驗證他們的假設。通常參與者會意識到，即使在最複雜的系統中，一個部分或個人也可以發揮作用。

你可以利用「真實循環」來：

- 通過參與者自己的身體動作來說明平衡，以及強化回饋循環的行為；
- 將身體經驗與分析行為的智力連結起來，形成封閉的因果鏈；
- 對簡單回饋系統的基本動態有更直觀的理解。

實際操作

- **人數：**這是一個示範性遊戲，可讓五至十二名觀眾來參與示範，其他擔任觀察者的觀眾數量則是不限。
- **時間：**約三十分鐘。
- **空間：**需要一個沒有障礙物，能夠容納五至十二人肩並肩、手牽手站成一排或圓圈的房間，其他觀眾則應有足夠的空間觀看活動，並聽到你作為引導者的指示。如有需要，將椅子

和桌子移到房間的兩側，讓參與者有足夠的空間可以體驗與觀察此遊戲。
- **設備：**一個球或一個色彩鮮豔且易於握在手裡的物體；每位參與者一張紙卡；其他觀察的觀眾不需要設備；每位參與者一根繩子，長度足夠可以鬆散地套在頭上，就像項鍊一樣；釘書機或透明膠帶。
- **佈置：**使用釘書機或透明膠帶將每根繩子的兩端固定在紙卡上，使用麥克筆，在每張卡片的其中一面上標記一個大的加號（＋），另一面標記一個大的減號（－）。
- **需要考慮的事項：**考量參與者身體和心理的舒適度是很重要的，這個遊戲涉及輕柔的動作：參與者應該要能容易地將手從腰部以下移動到超過自己的頭部，在徵求志願者之前，指出這個活動將包含伸手和一些彎腰的動作，不想參加的人可以

選擇擔任觀察的角色。觀察者站或坐在圓圈外，觀看參與者的動作，並確保參與者按照遊戲的規則移動外你也可以為身體有障礙的參與者提前進行調整，例如，如果有參與者使用輪椅，你可以讓每個人都坐下來進行遊戲。

操作指令與腳本

「真實循環」遊戲的規則細節較多，我們建議你在進行活動之前，仔細閱讀幾次這些指令。

> **備註：** 在玩這個遊戲時，同時進行遊戲反思的效果會特別好。

步驟一：首先，你將先建立並示範一個開放循環，邀請五到十二名志願者走上前來擔任參與者，讓參與者肩並肩站成一排，面向觀眾。取出一張附有繩子的卡片，將它像項鍊一樣套在你的頭上，然後將卡片翻轉，使「＋」號朝外，並要求參與者也這麼做。

從觀眾的角度來看，將球或其他鮮豔物體放在隊伍中排在最右邊人的左手中，在遊戲中這個球將被拿著和被觀察，但不會傳球。走到隊伍的另一端並加入隊伍，面向觀眾，對於觀眾來說，現在你站在隊伍的最左邊。

首先說明每個參與者的左手都是「主動」的，然後要求參與者將左手握成拳頭，在腰部高度向外伸出，你也同步示範。

再來說明每個參與者的右手是「被動」的，請每個人輕輕地將右手放在他或她右邊人的拳頭上，你自己的右手從腰部伸出後張開，並將掌心向下。

進一步說明卡片上的標誌，表示每個參與者的左手對於傳來信號的反應方式。如果某位參與者戴著「＋」號，他或她必須等大概一秒後，將左手與右手往同一個方向（向上或向下）移動同樣的距離（英寸數）；至於那些戴著「－」號的夥伴，他們等大概一秒後，將左手與右手往相反方向移動同樣的距離。

此時來進行示範。請每位參與者都將脖子上的紙卡轉為「＋」號，所以他們的左手都必須與他們的右手朝同一方向移動。這時候，請你將右手提高 2 英寸（5 公分），然後一秒後，提高你的左拳 2 英寸，向你左邊的人發送一個練習的「信號」；同步說明，你左邊的人感覺到他或她的右手上升了 2 英寸，現在必須在一秒後將他或她的左拳向上移動相同的距離。然後，沿線整個隊伍都會依次做出反應，直到最後一個拿著球的人將球提高 2 英寸並停止。

現在請隊伍中的每個人都放下手，搖搖手臂放鬆一下，然後問大家是否有任何問題。

接著繼續說明，你將下降右手 2 英寸，首先降下你的右手，一秒後降下左手，並要求其他參與者按順序跟隨。請觀查者記下遊戲中隊伍每個人的手，以及隊伍最末端球的位置，球最終應該從其起始位置下降 2 英寸，然後停止移動。

現在，將隊伍中某一位參與者的紙卡從「＋」號翻轉成「－」號。

再一次解釋「主動」手和「被動」手，以及「＋」號和「－」號的定義和關聯性。接著宣佈你將抬起左手 2 英寸，詢問大家隊伍尾端的球會發生什麼事情。給參與者和觀察者時間進行預測，然後將左手向上移動 2 英寸，觀察隊伍中的每個人，確保大家都按照正確的方式移動他們的

拳頭，不要讓隊伍中的參與者預判並先行動作，他們只能在實際感覺到他們右手移動後的一秒鐘才移動他們的左拳。最終，球應該下降 2 英寸後停止。

步驟二：接下來，你將循環封閉並示範封閉系統的行為。

當信號到達隊伍的末端時，跟觀眾說：「為了讓這顆球最終降到地板，我們需要從隊伍的另一端持續輸入訊號，現在讓我們看看如果封閉整個循環會發生什麼事。」

確保所有的標誌都是「＋」號，現在請參與者圍成一個圓圈，拿著球的參與者將站在你的右邊，將你的右手放在持球者的左手上，跟大家明確的說明，你只會做出一個獨立的動作，然後只需簡單地依規則及訊號移動即可。

氣候變遷遊戲引導書：22 個讓人更有效溝通氣候變遷的系統思考遊戲

將你的左手抬高 2 英寸，觀察該訊號在圓圈中傳播，直到它到達你身邊並導致你的右手抬高 2 英寸，然後遵循你身上「＋」號的規則，自然地將左手抬高 2 英寸。讓信號繞圓圈傳播幾次，每次都將球抬高 2 英寸；最終，參與者將達到他或她高度能力的極限，信號將別無選擇地停止傳遞。

請參與者們放開手，並邀請他們描述發生了什麼事情。

問：「為什麼這次球的行為如此不同？」答案當然是因為你將循環封閉了，創造了回饋的效應，由於所有的連接都是「＋」號，團隊創建了一個強化的循環。

問大家：「在日常生活中，什麼時候你會感覺自己處於一個持續強化的系統中？」

由於循環是閉合的，系統結構掌握了循環的運作，它不需來自外部的訊號持續輸入。

透過再次執行遊戲來證明這個概念，這次宣佈一開始左手將下降 2 英寸，讓觀眾們有時間可以預測後續發展，大多數人都會正確預測，這次球將逐漸下降，直到有人的手碰到地板。接著啟動循環，降低你的左拳，球在每個循環都將下降 2 英寸，直到有人的左手碰到地板為止。

這時向大家指出，所有持續強化的系統結構都有限制，這些限制決定了它們在一個方向上可以增長多遠，人們親身體驗到持續強化循環中必然存在的限制。

步驟三：最後，你將更改參與者的符號，以對比負循環的穩定影響與正循環的放大影響。

向大家解釋，示範的隊伍將進行另一個實驗，說：「這一次，我們將在系統中引入一個負面的連結，你們大多數人仍然代表積極的正號連結，因此跟之前一樣，將左拳移動和右手相同方向的距離。你們其中一個人將代表負號連接，該位夥伴將把他或她的左拳移動到與他或她的右手相反的方向，但距離相同。」指定一位參與者，請他或她將自己的符號從「＋」號，變為「－」號（請他或她翻轉卡片），同時讓整個示範隊伍圍成一個圓圈。

向大家宣佈，這次會是向下 2 英寸。請參與者在幾秒鐘內默默思考在這個訊號繞著圓圈移動時，他們的拳頭會如何移動，然後邀請一些參與者展示他們認為在整個過程中拳頭將會如何移動。

請每個人按照之前的方式擺好他們的雙手，將你的左手向下移動 2 英寸，同時觀察隊伍確保「－」號

連結的反應執行正確，其他人也正確地遵循著這個運動。將一個連接中的「＋」號改變為「－」號，人們將他們的手與初始信號方向相同的方向移動，直到信號到達「－」號連結，在「－」號處，拳頭移動的方向會被反轉，在「－」號連結之後的人會將他們的拳頭向上移動，直到信號繞過整個圓圈並再次遇到「－」號連結。此後，連續一個週期的方向是向下、再向上，然後向下、再向上，信號在圓圈中傳播幾輪後，當大家都看出循環在無限震盪時，就停止遊戲。

向大家分享以下的觀察：「僅僅通過改變一個符號，我們將這個從放大初始輸入的增強循環，變成了一個試圖抵消或修正初始輸入的平衡循環。如果我們將開放式循環與封閉式循環進行比較，我們會看到開放式循環需要持續的訊號輸入來維持變化，而封閉式循環，無論是平衡還是增強，都在初始訊號輸入後就可以獨自運行，不需要額

外訊號的輸入。」

請參與者放下手，搖晃手臂來放鬆一下，同時提出以下的問題：

- 「遊戲中發生了什麼事？」
- 「各位認為這個系統的行為能持續多長時間？（答案是永遠。）」
- 「開放式循環和封閉式循環之間有什麼區別？平衡循環和增強循環之間有什麼區別？」
- 「與處在增強循環中的感覺相比，處於平衡循環中的感覺如何？」解釋平衡循環的正常行為是振盪，也就是系統的「運動」圍繞著一個固定點不斷來回，就像人的手在運動過程中擺動一樣。
- 「在日常生活的情況中，你什麼時候感覺處於平衡結構？」如果參與者難以舉出例子，可以提供飢餓和進食、儲蓄帳戶和花費、運動和壓

力等例子，然後請參與者嘗試提出更多自身的例子。

遊戲總結反思

這個遊戲讓參與者直接體驗了氣候系統中許多潛在臨界點所產生的行為，它們都與正回饋循環有關，這些增強循環可以在沒有進一步人類行動的情況下持續系統行為。有許多可能引起關注的氣候臨界點例子，以下是三個例子。[11]

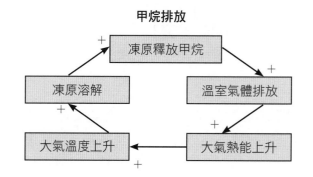

甲烷排放

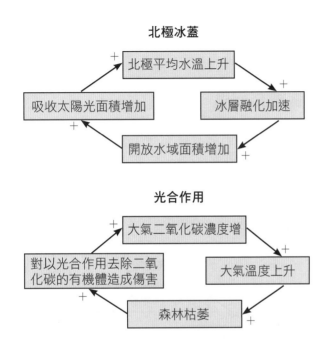

北極冰蓋

北極平均水溫上升

吸收太陽光面積增加

冰層融化加速

開放水域面積增加

光合作用

大氣二氧化碳濃度增

對以光合作用去除二氧化碳的有機體造成傷害

大氣溫度上升

森林枯萎

問題：「在這個遊戲中，當影響被正回饋循環增強時，一個小小的初始努力便足以將球完全推向地面。可以創造哪些正向、積極的回饋循環幫助減少溫室氣體排放？」

一個例子是在社區內建立更好的自行車道，隨著騎自行車上下班的便利性增加，更多人會從汽車轉向自行車，隨著自行車交通量的增加，對自行車道的政治支持度也會增加，這將帶來更多的自行車道建設。

向觀眾詢問：「在遊戲中，負循環的作用是抵消初始的變化，使球保持在初始位置。有哪些負循環是我們可以創造來保持氣候參數在適合居住的範圍內？」一個例子是監測社區內的溫度，隨著平均溫度上升，人們可以投入更多資金將（建築或地表）表面的顏色改為淺色調，這樣可以反射更多的光，減少陽光轉化為熱量，從而將溫度降低到可能達到的水準以下。另一個例子是對碳排放課稅，隨著溫室氣體濃度的增加提高稅收，提高能源密集型商品的價格將減少對它們的需求，降低

其生產量，從而減少排放。

關注動態平衡將有助於你預見努力可能遇到的障礙，當你加強改變當前系統的某些面向，那些從中受益的人將加大努力來抵抗這些改變。改變氣候變遷的努力，會以哪些方式在更廣泛的系統中引起反應，從而減少或削弱你期望的結果？你應該避免這種阻力嗎？如果是，該如何做？理解一個行動可能引起的阻力，會導致你選擇不同的行動嗎？

摺紙

**在指數成長的趨勢中，十分微小的成長率
可以導致巨大的結果**

*今人有五子不為多，子又有五子，大父未死而有二十五孫。
是以人民眾而貨財寡，事力勞而供養薄。*

—韓非，哲學家

*細菌呈幾何級數增長：一生二、二生四、四生八，以此類
推。以此方式可以證明，在一天內，一個大腸桿菌細胞可以
發展為一個與地球大小、重量相同的超級菌落。*

— *Michael Crichton*，《致命病種》

宇宙中最強大的力量是複利。

— *Albert Einstein*，愛因斯坦，理論物理學家

EUROPE

13

與氣候的鏈結

氣候變遷倡議者面臨的一個困境，就是他們所討論的政策似乎在大幅減少人們所重視的活動，像是能源消耗。然而，問題在於許多導致溫室氣體排放上升的行為，卻呈現指數成長，即使是微小的指數成長率，也能迅速導致極為巨大的數量。這個遊戲讓我們能夠理解指數成長的動態效果，也可用於說明倍增時間的概念，倍增時間是指一個成長中的實體，讓其量體翻倍所需的時間長度，倍增時間是將數字 72 除以成長率（以百分比表示）來估算。

引用成長中實體的倍增時間，而不是其年增長率，有助於大多數人更好地理解其未來擴張的潛力。例如，近年溫室氣體排放量之年增率為 3%，這種增長率或許看似無害，但該速率對應的倍增時間約為 24 年，你可以描述某件事情每年以 3% 的速度增長，或者你也可以明確指出，在一個世紀內它將增長超過 16 倍，而後者的顯著性似乎更加明顯。

關於這個遊戲

「摺紙」遊戲是我們改編自一個經典的腦筋急轉彎，通常以一個簡單的魔術呈現，我們使用這個遊戲來戲劇性地說明指數成長的強大力量。在使用這個遊戲時主要的挑戰，是讓參與者接受其爆炸性的結果實際上傳達了有關氣候系統的有用資訊。這其實是很困難的，因為在「摺紙」遊戲中，其快速成長的速度，大約比氣候系統中的增長速度快了五百萬倍。

實際操作

- **人數**：這是一個大型遊戲，可以讓各種數量的觀眾一起參與。
- **時間**：五至十五分鐘。
- **空間**：這個遊戲通常是在觀眾都坐著的情況下進行。
- **設備**：一張大床單或者大桌巾作為引導者的道具，不要使用像壁報紙的大張紙，因為紙張太薄，即使對摺四次後的厚度還是不容易看的出來。
- **佈置**：將你準備要對摺的布料拿在手中。

操作指令與腳本

步驟一：首先為接下來要玩的遊戲提供一些論證基礎，向觀眾說明：「我們已經討論了不少關於長期行為的議題，讓我們現在來玩一個遊戲，可以說明長期行為一些重要觀點。」

拿起並打開你將要對摺的東西，說明：「我現在手上有一張很薄的床單（或者是桌巾）。」將布料的邊緣轉向觀眾，讓他們看到它有多薄。

步驟二：「接下來我將把床單對摺一次、第二次、第三次，然後第四次。」在講的同時，也實際將床單對摺四次。

「每對摺一次會讓整體厚度加倍，對摺四次後，床單已經大概是半英吋（1.25 公分）厚了。」將床單的邊緣對著觀眾，展示對摺後的厚度。如果有必要，鬆鬆的拿著對摺四次後的床單，以避免捏太緊而讓邊緣的斷面變得太薄。接下來腳本中出現的數字，取決於這個經過四次對摺後，看似是半英吋的厚度。

「當然，你實際上無法再將這張床單對摺二十九次，總共三十三次，但想像一下如果你可以的話，那麼它會有多厚呢？在摺疊四次後，它就有半英寸的厚度，再摺疊二十九次後，它會有多厚呢？」

步驟三：邀請觀眾來回答。「認為床單再摺疊二十九次後，厚度可以從我地板到達我的腰部以下的人，請舉手。」稍作停頓，看看觀眾中是否有人舉手，如果有人誠實地表達他們的意見，應該會看到幾個人舉手。「所有認為床單會從地板達到天花板以下的人，請舉手。」再次停頓，看看觀眾中是否有人舉手。有人可能會說類似「到達月球」之類的話，如果聽到這樣的說法，請強調：「不，不是到月球，差遠了！」

然後告訴他們答案。「如果四次對摺使床單達到半英寸厚，再翻倍二十九次就會使床單厚度超過3,400英里（或5,000公里）厚，這大致相當於從美國波士頓到德國法蘭克福的距離。」

遊戲總結反思

大多數的參與者可能會覺得這個答案荒謬不已，並認為其中肯定有什麼騙術詭計。因此，在分析這個遊戲時，你可以用投影片或者白板來展示答案背後的數學原理，從 1 開始翻倍二十九次的驚人結果：1、2、4、8、16、……、536,870,912。將某樣物品翻倍二十九次，就會增加約 5.4 億倍，對摺四次後，床單的厚度約為半英寸，再翻倍二十九次，厚度將達到 2.16 億英寸（約 5.49 億公分）。一英里約等於 63,400 英寸（約 161,000 公分），因此疊起來的床單厚度將超過 3,400 英里。

你可以在這個時候結束，因為已經證明了翻倍的過程如何快速產生出意想不到的龐大數字，或者

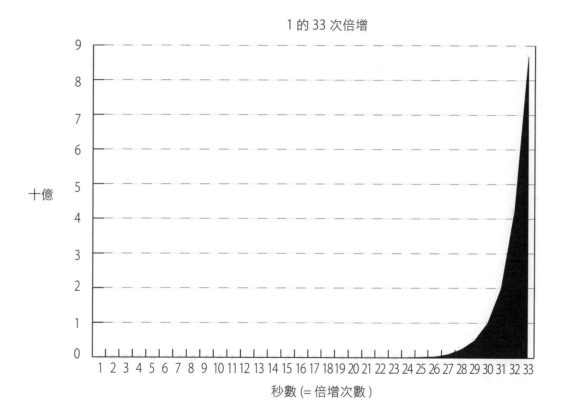

1 的 33 次倍增

十億

秒數 (= 倍增次數)

你可以花一些時間來打破人們對於某些涉及倍增過程的誤解，也就是每次摺疊都有 100% 成長率，不能與每年「僅僅」數個百分點的成長率相提並論。向觀眾指出每年 4% 的成長，將在一個世紀內使某件事物增加超過五十倍，在兩個世紀內增加二千五百倍。

我們經常要求人們為床單的增加厚度，畫出所謂「行為隨時間變化」的圖表，假設他們可以每秒完成一次摺疊，連續三十三秒，並且假設紙張最初厚度為半英寸。向大家說明，其實在過程的前 80% 內，似乎沒有太大的變化，這正是我們對氣候變遷的問題，每年的微小增量似乎都不太顯著，但它們最終意味著巨大的變化。問問你的觀眾，他們還在哪裡看到這種行為，人口增長和能源使用成長都是例子。

根據可用的時間，你可能需要詳細講解人口增長的問題，因為這是令人震撼且引起許多人興趣的議題，你可以說：「我們選擇在這個活動中展示了三十三次翻倍，是有原因的。現今全球人口數量與地球上開始的第一個人相比，幾乎就是三十三次的倍增，目前有超過七十億人居住在地球上。」

如果你希望繼續，告訴他們一個關於睡蓮的謎語。「一個傳統的法國謎語也說明了指數增長的驚人本質。假設一朵睡蓮在你後院的池塘中生長，而睡蓮植物每天的大小翻倍，有人告訴你，如果允許睡蓮無節制地生長，它將在三十天內完全覆蓋池塘，剝奪水中所有其他生物生存空間。

有很長一段時間，這株植物似乎很小，所以你決定不必費心去修掉，直到它覆蓋了池塘的一半。一旦睡蓮越過你採取行動的門檻，你將有多少時間來避免災難？答案是一天。睡蓮將在第二十九天覆蓋池塘的一半，在第三十天，它再次倍增，進而覆蓋整個池塘。如果你等到池塘覆蓋一半才行動，那麼在睡蓮扼殺池塘中的生命前，你只有二十四小時。」

所有這些情況的行為似乎都是反直覺的，我們通常期望事物遵循線性增長的模式，例如：如果我們有一疊紙張，其線性增加的高度成長，是由新的紙張以恆定的速率添加到這疊紙張的頂部。在線性成長中，最初與後來的物理變化量是相同的，但持續性增強的過程卻會產生非線性成長，它們可以迅速將微小的起始變化轉變為巨大的結果。在摺疊紙張時，對於許多次翻倍中看不出顯著的變化，然後，儘管基本的增長過程一點也沒有改變，但爆炸性的改變卻在瞬間發生，第三十四次翻倍實際上會再增加約 3,400 英里的厚度。

值得慶幸的是，至少有一小部分知名記者能夠完全
理解氣候變遷的全貌，坦白說，記者的工作在現今
社會十分重要，因為廣泛而貧乏的大眾傳播，容易
快速且顯著地削弱了國內外任何形式的氣候政策。
— *Eric Roston*，《氣候變遷：融冰造就險惡的坡道》，
Grist．2010 年 2 月

資訊是轉型的關鍵，這不一定意味著需要更多的資
訊，而是指具相關性、引人入勝、精挑篩選、強
大、及時且準確的訊息，以新的方式流向新的接收
者，以新的知識內容，發想新的規則和目標。當其
訊息流發生變化時，任何系統的行為都會有所不
同。
— *Donella Meadows*、*Jorgen Randers* 與 *Dennis
Meadows*，《成長的極限：回顧過去 30 年》

溝通的最大問題就是以為已經進行了溝通。
— *George Bernard Shaw*，劇作家

撕紙

交流互動遠比單向溝通來得有效

14

與氣候的鏈結

採取長期行動以避免全球範圍內嚴重氣候擾動的需求，可能是人類社會有始以來面臨最複雜且最迫切的挑戰。

氣候變遷帶來一系列特別具有挑戰性的概念，而這些概念需要被傳達。對許多人來說，不僅其影響是看不見的，而且在行動和結果之間更存在著顯著的時間延遲。人們在努力理解氣候的過程時，不可避免地會基於他們對天氣的經驗，然而天氣（一種短期現象）和氣候（長期天氣模式的平均值）在本質上是不同的。氣候變遷的原因跨越學科界限，因此討論的各方常常不理解彼此的詞彙，而且那些既得利益者更利用每一個分歧和爭議來混淆問題並阻礙變革。理解氣候變遷的威脅需要具有大多數公民認知之外的科學知識，而在理解的過程中，更會超出人們的經驗與擔憂，並對人們構成道德挑戰。

如果全球社會要積極應對氣候變遷，就必須克服這些障礙，有效的溝通和教育也變得前所未有地重要。

關於這個遊戲

這個遊戲說明即使是傳遞簡單的想法也可能失敗，它可以幫助人們理解溝通不良的原因，並練習有效溝通的一些技巧。當利害關係人一起坐下來時，對正在發生的事情有不同的看法，尤其是當群體希望理解並介入一個複雜的系統時，隨著不同觀點變得更加明顯，那些嘗試進行溝通的人往往會增加他們表達自我想法的頻率和音量；相反地，他們應該試著同理觀眾，辨別他們理解了什麼，並預測可能的誤解來源。

通常人們認為一個善於說話的演講者會在觀眾的

腦海中留下與講者相同的想像，但這個簡單快速的遊戲顯示了這種假設是毫無根據，即使觀眾與演講者的目標相同，且有強烈的動機願意去理解其意義。因此，當情況相反時，溝通會變得更具挑戰性嗎？

這個遊戲可以提高聆聽和溝通的技巧，並增加對同一訊息多種解釋的認識，對於在氣候變遷如此複雜領域工作的人們來說，在無論是否具有雙向溝通和回饋的情況下，反思他人是如何聽見自己的論述和號召大家起身行動，這個遊戲是很有幫助的。

這個遊戲在會議開始的時候很有用，可以提醒參與者需要所有人的持續關注與參與。

實際操作

- **人數：**這是一場大型遊戲。它需要對人們的遊戲結果進行比較，因此只有一、兩個參與者的效果不太好，建議此遊戲應該至少有五名參與者，最大的參與數量則沒有限制。
- **時間：**十到十五分鐘。
- **空間：**不需要特殊空間，這個遊戲通常是在觀眾都坐著的情況下進行。
- **設備：**每人一張標準信紙尺寸的紙張，最好是回收或廢紙。只要紙張尺寸相同，影印機使用的紙張，無論是彩色的還是單面印刷的，都適用在這個遊戲中。
- **佈置：**把一疊紙傳下去，請大家每個人都拿一張，你自己也要留一張紙。如果你時間較為緊迫，可以提前分發紙張，在每個座位上或下方放一張。當觀眾進來時，你可以告訴他們這張紙稍後會用到。

操作指令與腳本

步驟一：請大家拿起這張紙。確保在空間中所有參與者，都坐在可以看到和聽到你的某個位置。

步驟二：向觀眾解釋這個遊戲：「這張紙是我們針對氣候變遷政策選擇的隱喻。關於我們所有人都需要遵循的新氣候政策，我有一個非常重要的訊息要向你們傳達，這是一個非常重要的訊息資訊，請各位仔細聆聽，在我分享重要訊息時不要打斷我或說話，也不要問問題喔！完全按照我要求你做的去做。撕紙是對政策步驟的隱喻，我們每個人的目標是讓自己手上的紙張，可以產生相同的圖案。」

步驟三：舉起你的紙張讓大家看到，然後說明：「將你的紙張對摺，然後撕掉紙張右下角的一小塊。」請你按照指示做，然後停下來一會，讓群眾做同樣的動作。有時候，觀眾中有人會要求更精確的指示，只需說：「請不要問問題，就按照我的話做吧！」接著說：「再將紙張對摺，然後撕掉紙張右上角的一小塊。」你同步進行，然後再次停下來。「再將紙張對摺，然後撕掉紙張左下角的一小塊。」請你再次同步進行，然後停下來。「好了，你們都很聰明且熱衷於遵循指示，讓我們看看你們的表現如何。」打開你的紙張，然後舉起來。「請將你的紙張打開，然後舉起來讓大家看到。」暫停較長一段時間，直到大家都有機會環顧四周。當然，撕裂孔洞的精確形狀會有所不同，但這不是重點，關鍵問題是每張紙上的孔洞的圖案是否相同，通常不會相同，會有各種不同的樣式，有些樣式可能與你的一致，但大多數不會。

步驟四：詢問參與者對剛剛遊戲中發生事情的看法，以及你與觀眾們的哪些行為一起導致了這個結果。一旦他們分享了自己對出問題所在的看法，請參與者提供建議以獲得更好的結果，看看有什麼辦法可以讓大家在遊戲結束時都達到相同的目標。

遊戲總結反思

通常情況下，參與者會用他們的紙張撕出四到五種不同的形狀，他們可能會感到驚訝，同一簡單訊息和相同一組指示，卻產生出不同的解讀。

「當聰明的人失敗時，問題通常出在流程結構上，這個溝通過程中，哪個地方導致我們成功的機率如此低呢？」

讓參與者有機會思考這個問題並做出回應，溝通過程中主要失敗之處包括：

- 單向溝通，因為你不允許提問。
- 模稜兩可的用詞。像「對摺」、「右上角」等短的詞彙可能會有不同的理解。例如，對於面對觀眾的講者來說，右上角是上面的右邊，但對觀眾卻是左上。當你撕下一個角時，摺疊處是朝上還是朝下？這些說明遺漏了很多細節。
- 對於最終目標沒有共同的理解。你沒有向他們展示你想要的最終結果，你只關注了過程。

確保這些失敗都被檢視出來，最好是由參與者來指出。然後，你可以提問：

- 「人們對於氣候變遷的因果有相同看法很重要嗎？為什麼？」
- 「人們對政策選擇有相同的理解很重要嗎？為什麼？」
- 「在有關氣候變遷的討論中，哪些地方也存在著這些錯誤？」
- 「我們如何使溝通更有效？」

最後，提出一些當參與者在溝通有關氣候變遷工作時可以牢記的經驗教訓，他們認為在不久的將來，有哪些機會可以採用這些在遊戲中學到的知識或技巧？

15

筆

相對於科技，永續更主要奠基於文化之上

不是科技限制了我們，是我們自己限制了自己。我們的科技是智慧和創造力的表現，因此科技的限制也反映了我們自身的侷限性。

　　　　　　　— Christian Cantrell，工程設計經理

我們無法期待可以創建一個永續的文化，除非我們擁有永續的靈魂。

　　　　　　　　　— Derrick Jensen，作家

拙劣的木匠只會抱怨工具。

　　　　　　　　　　　—英國諺語

與氣候的鏈結

許多關心氣候變遷的人提倡透過科技的變革來解決問題，例如減少化石燃料的使用，轉向各種風能、太陽能和波浪能等非碳為基礎的能源，但即使社會能夠非常成功地實施新的技術，人口依舊增長、人們依舊追求經濟發展，並依舊將人均國民生產總值（GNP）作為成功的指標，極端的氣候變化依然會愈趨劇烈。

關於這個遊戲

這個遊戲最初是為了在日本使用而設計的，當時本書作者之一的 Dennis Meadows，僅有有限的討論時間，當時他嘗試與數千名日本企業家和政府領袖進行交流，他面臨了巨大的文化障礙，這些領袖們共同參與了一個為期數天的技術政策會議，此會議名稱為「為永續發展的科技技術」，這個會議名稱即代表了一個顯著的誤解，科技並不是實現永續發展的主要工具，科技主要服務於那些開發和使用者的價值觀與目標。如果他們的價值觀和目標是促進經濟成長，那麼他們所開發的技術將產生經濟成長，而不是永續發展。在這個有限資源的地球上，對於氣候變遷和其他物理性成長的衝擊影響，真正的解決方案首先需要社會價值觀和規範的改變。這個遊戲有助於說明永續性的本質是社會規範、文化習俗和心理態度的問題，而不是科技的問題。

實際操作

- **人數**：這是一個大型遊戲，可以讓任何數量的觀眾一起參與。
- **時間**：五到十分鐘。

- **空間：** 不需要特殊空間，此遊戲通常是在觀眾都坐著的情況下進行。
- **設備：** 你需要兩支筆向觀眾展示：一支明顯昂貴的筆和一支廉價的筆。如果你使用一支大家都認得出來的高級品牌，同時可換筆芯的筆，和一支由紙板和木材製成的「綠色」筆，這個遊戲會帶來很好的效果。或者你也可以使用鋼筆照片的投影來代替真正的鋼筆，或使用任何類型的兩支鋼筆，讓觀眾想像你手中拿著一支廉價的筆和一支昂貴的筆。
- **佈置：** 將筆放在口袋中，或準備好要投影的簡報。

操作指令與腳本

以下的操作指示和腳本是模擬你拿著一支昂貴的萬寶龍鋼筆，和一支厚紙板做成的廉價原子筆而編寫的。

步驟一：向觀眾說明：「我們之所以會聚在這裡開會，部分原因是因為我們都關心永續發展。現在，我將進行一個簡單的遊戲，來看看我們大家對『永續』這個詞的實際含義是否有共識。我這裡有兩支筆。」舉起兩支筆，讓觀眾中的每個人都能看到這兩支筆。

「第一支筆是萬寶龍鋼筆，它是由昂貴的金屬和珍貴的樹脂製成，主要用於書寫，價格約為四百美元。第二支筆是由木材、塑膠和回收紙板製成的，也可以拿來書寫，價格約為一美元。哪支筆更具永續性？」在這裡，你需要讓每位觀眾對你的問題進行個人回答並實際做出選擇，你可以使

用以下說明讓他們輕鬆做出決定。「將萬寶龍筆稱為1號，紙板筆稱為2號，請各位決定認為哪支筆更永續後，請大家安靜地向旁邊的夥伴比出1或2。」留出足夠的時間讓他們思考這個問題，並向坐在旁邊的夥伴用手指表示他們的決定。我們通常會要求參與者進行無聲的交流，因為在某些文化中，人們可能會因為被認為「錯誤」的而不願意舉手。

步驟二：接著跟觀眾說：「現在我將提供更多關於這兩支筆的資訊。萬寶龍從未離開過我的辦公室，所以我這輩子會一直使用它，然後將它傳給一位朋友，作為他使用的工具。相對的，從家裡帶一支厚紙板筆出門時，我幾乎每次出門都會丟掉一支。因此，我每年必須購買數十支厚紙板筆，當萬寶龍的筆芯用完時，我會購買一個替換筆芯；但是當紙板筆的墨用完時，我會丟掉並購買一支新的，而購買替換筆芯的成本比購買一支全新筆還要高。現在我再次問你們：你認為哪支筆更具永續性？為了表示你的決定，向坐在你旁邊的人展示一根或兩根手指，用一根手指表示1，也就是萬寶龍鋼筆，用兩根手指表示2，也就是厚紙板筆。」

停頓片刻，然後說：「我注意到有許多人改變了他們的想法。」

你可能對此不太確定，但有些參與者可能改變了他們的選擇，而且沒有人會對這種說法提出質疑。

「然而，我向各位提供的新訊息並未描述這支筆的實際技術，而是描述了我跟這些筆的關係、習慣和態度。這個遊戲說明，實際上你們之所以相信一個物品的永續特性，主要不是存在於該物的實體技術；相反地，永續存在於一個人相對於這個物品的關係。如果我們能夠採用新科技，實現

永續性可能會更容易，但我們可以通過更好地利用我們已經擁有的科技來減少溫室氣體排放。更重要的，是我們對於我們正在使用的科技，發展出一套新的關係和新的態度。」

遊戲總結反思

以下是一些用於深入討論的範例問題：

- 「有哪些科技層面的方法可以減少溫室氣體排放到大氣中？如果缺乏同步的社會改革，這些方法會有效嗎？」
- 「有哪些社會層面的方法可以減少溫室氣體排放到大氣中？其中哪些方法較被廣泛地提及？」
- 「在社會繼續追求無限成長的情況下，有哪些純粹的科技方法可以穩定排放？」
- 「你可以做些什麼來推動社會和文化變革，以促進成長？」
- 「如果你成功了，這些變革將如何影響溫室氣體排放？」

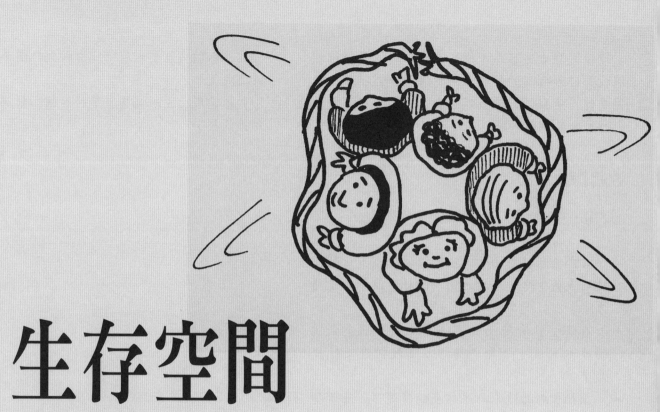

生存空間

跳脫框架思考，可創造雙贏局面

16

關於氣候變遷政治赤裸裸的事實，就是沒有國家願意為了應對此一挑戰而犧牲自己的經濟發展，但所有經濟體都知道，唯一明智的長期發展方式只能基於永續。

— *Tony Blair*，前英國首相

金融危機是因為我們生活超出了我們的財務能力；氣候危機是因為我們生活超出了地球的負荷能力。

— *Yvo de Boer*，前聯合國氣候變遷綱要公約執行祕書

分享你所擁有的，比你擁有的更重要。

— *Albert M. Wells*，作家

與氣候的鏈結

自然資源的消失是氣候危機中，我們共同關心的問題，像是減少的森林碳匯、降低的地下水位、島嶼和沿海國家可供居住的空間減少，到北極熊的北極冰原縮小。人類和其他物種，面臨越來越多關於如何分配那些必須但持續減少資源的挑戰。

許多出於善意的努力來適應資源減少的問題，都因三種根深蒂固的思維方式而失敗－這些思考上的習慣形成了我們處理複雜問題的方式。首先，人們傾向於避免思考和討論資源可以如何更好地分配，常見的觀念是：「如果他得到更多，那麼我就會得到更少。」其次，除非問題已經廣泛存在，許多人寧願忽略問題的存在，他們認為：「當我看到問題，我再來採取行動。」第三，人們經常依賴經過驗證的方法，他們相信：「如果以前行得通，那麼現在也行得通。」

這個遊戲可以引導團隊通過共同的經歷，一起來面對這三種思考習慣所產生的結果。

關於這個遊戲

此遊戲可以幫助人們在面對資源減少時，體驗自己和他人的反應，其有助於說明如何在團體中主導創新和觀點改變的一些基本原則，並可作為一個借鏡，來思考當資源變得不足以支持原有人類習慣時的狀況。此遊戲可以證明即使當前的計畫或政策似乎有效，也應對於新計畫或新政策保持開放態度。

這個遊戲不建議在研討會一開始時就邀請大家來玩，相反地，最好等到參與者有機會互相稍稍瞭解彼此後，再要求他們靠近彼此來參與這個遊戲。

實際操作

- **人數**：這是一個參與性的遊戲，至少需要十到十五人，但最好是二十五人參與。如果參加人數超過三十人，則分成十五到二十人的小組。
- **時間**：十五到三十分鐘。
- **空間**：如果周圍的環境和氣候不會分散注意力，戶外是這個遊戲最好的選擇。如果使用室內的空間，則需要一個至少 20 × 20 英尺（6 × 6 公尺）的開放區域，沒有任何物體阻隔，如果有更大的空間會更好。
- **設備**：分給每位參與者約 10 英尺（3 公尺）的繩子。第一次玩這個遊戲時，你需要將繩子剪成不同長度的小段，然後將每個小段綁成一個環。後續與其他小隊再次玩這個遊戲時，可以透過將幾個小段的繩子綁成正確數量和適當大小的環，來重複使用這些繩子。棉質的晾衣繩效果很好，而合成纖維可能很容易解開。檢查你的繩結！
- **佈置**：將一半的繩子剪成 4 英尺（1 公尺）長的小段。將每條繩子的末端綁在一起，製作一個足夠容納兩隻腳平放於其中，且鞋子的任何部分都不接觸繩子或繩子外地面的環。再拿五分之一的繩子製作可以圍住兩到三名參與者腳的環，這個環需要約 7 英尺（2 公尺）長的繩子。

接著是製作一個足夠容納大約三分之二參與者緊密站在內的環，例如，對於十個人，你需要大約 15 英尺（4.5 公尺）長，對於二十五個人，你需要 20 英尺（6 公尺）長。

使用剩餘的繩子來製作足夠大的環，足以圍住五名參與者的腳，每個環約 11 英尺（3.5 公尺）長。

將所有的環放在地面上，它們之間至少相距 1 英尺（30 公分），將每個環拉成圓形，地上環的數量應該大於參與者的數量。

需要考慮的事項

這個遊戲需要較為接近的身體接觸以及移動能力，如果你認為有一、兩個人可能會對這個遊戲感到不舒服，考慮讓他們來幫忙把繩子撿起並檢查是否符合規則，如果你認為不只一些參與者會感到不舒服，則不要使用這個遊戲。對一些團體來說，將他們分為男性和女性的小組可能是一個不錯的調整，以避免異性之間的緊密接觸。

請注意，不要讓任何人承受身體的壓力，或是可能有人失去平衡而摔倒的情況出現。「生存空間」這個遊戲已經有超過數百次的執行經驗，並沒有出現任何問題，但謹慎為上。

在討論和反思階段，最好不要點名特定的人，讓參與者自行選擇是否分享他們的想法。

操作指令與腳本

步驟一：將參與者聚集在繩環附近。如果有多個小組，每個小組至少需要一名指導員。

請所有參與者走到一個環內站立，他們的兩隻腳都放在地面上，且兩隻腳都不觸碰繩子。最好是每位參與者都從自己的環開始，但這不一定是必要的。

步驟二：向大家解釋遊戲規則：「想像你現在站立的空間代表一種重要的資源。」你可以選擇一個合適的資源種類，像是碳匯，它可以是維持生存需要固定的碳量、島嶼上的可居住土地、地球上的可耕地、足夠放牧牲畜的草地、足夠作物的

水源等。「要『生存』到遊戲的最後，每個人都需要在某個環內找到空間。每一輪的關鍵是，你必須找到一個地方，你的雙腳只能觸碰到繩環內的地面，而不能觸碰到繩子，你的雙腳不能觸碰到繩環外的地面。在我說『換！』後的三十秒內，如果有人沒有找到空間，我們會請他們到場邊。」

解釋每輪遊戲的進行方式：「當我看到你們所有人都已經找到了生存的空間，或者已經移出遊戲，我會說『換！』然後如果可能的話，你必須離開你現在站立的環，找到另一個環內位置。我會等待，直到每個人都已經找到了空間，雙腳不觸碰繩子，也不觸碰繩環外的地面，或者退出遊戲。然後我會再次說『換！』」

步驟三：環顧四周確認每個人都站在環內，沒有違規觸碰到繩子或繩環外的地面。然後說：

「換！」等待所有參與者移動到不同的環內，並在其中定位，確保沒有任何一隻腳觸碰到環外的地面。

步驟四：再次進行第三輪，然而，就在你說「換！」的時候，拿起幾個沒有人站在裡面較小的繩環，最好有一位同事協助你進行這個操作。如果有人拒絕離開你想拿起的環，只需解開繩結，然後將繩圈從他或她身邊移開。參與者可能會出現短暫的恐慌，直到他們意識到較大的環內可以容納不止一個人，你可以注意這個醒悟是如何首先出現在個人身上，然後傳遞到整個團體中。

你可以選擇在一輪遊戲結束前，當你拿起一個或多個繩環時，向參與者宣佈：「我們剛剛又因為濫墾而失去了 80,000 英畝（32,000 公頃）的森林。」或者「東南極冰原又滑落了五百七十億噸

的冰。」來加強情境模擬的感受，而這取決於你遊戲一開始所選擇的比喻。

步驟五：繼續進行幾輪遊戲，每次都移除幾個較小的環。當你說「換！」之後三十秒內，有人未能找到一個環內的位置，請他們走出遊戲的活動區域並到旁邊觀察，向所有離開遊戲的參與者保證，他們的觀察在遊戲結束時會很有用，這有助於讓他們保持對於遊戲的參與感。

步驟六：當只剩下一個或兩個繩圈時，剩下的參與者將無法完全站在環內所提供的空間。此時，有一些人可能會開始堆人體金字塔，像是試圖讓同事騎在他們的肩膀上。不要允許這種策略，這十分危險，提醒大家每個人的腳都必須觸碰地面，每個人都必須自己支持自己。

有些人可能會問他們的腳是否必須平貼在地面上，或者是否可以踮起腳尖，或以其他方式擺放他們的腳，但仍然遵循規則。你的最佳回答是：「凡是未被禁止的事情都是允許的。」最終，有人會意識到參與者可以坐在繩環外的地面上，只需讓他們的腳跟觸碰到環內的地面即可合乎規則。注意這個想法是如何產生的，它是由誰提出的，以及群體中的其他人是否支持或反對它。

如果是一位位居高位的參與者，比如高階經理，發起了這個想法，通常其他小組成員將迅速接受並執行，同樣的想法如果最初來自另一位參與者，通常會被忽視。記錄這一點，以便在後續權力不對稱和溝通方面的反思與討論。

步驟七：當所有剩餘的小組成員都成功地讓他們的腳觸碰到最後一個繩環內的地面時，遊戲就結束了。給剩下的小隊成員掌聲，幫助那些在地

板上的人站起來，然後進到後續的遊戲總結討論與反思。

遊戲總結反思

為了確保觀眾可以從這個遊戲中獲得最多的收穫，確保你有足夠的時間來討論。你可以提出各種問題，引發大家關於三個層次的深入討論。首先，關注參與者的行為：

- 讓參加者有時間表達他們對遊戲的觀點、感受和結論。問大家：「遊戲中發生了什麼？對於遊戲誰有一些想法或感受想要分享？」

其次，為了檢視遊戲過程中的因果，帶領大家討論一些有關基本假設、典範轉移、控制、以及平等和包容道德的相關問題：

- 「遊戲一開始，你是否假設每個人都必須有自己的繩環？如果是，為什麼？」
- 「制定一項某些人搶不到繩環而退出的策略是否可以接受？」
- 「在遊戲進行中，你是否花時間討論長期策略？如果沒有，為什麼不呢？」通常的回答是，因為遊戲帶領者持續喊出「換！」，參與者感到他們被一直往前推向下一輪。如果你聽到這樣的回答，那麼問下一個問題。
- 「在環內的人，對那些找不到地方的人有什麼感受？誰應該對那些找不到立足空間的人負起責任？」
- 「當人們意識到資源正在減少時，有什麼感受？通常有一種沒希望的感覺，這種感受會轉變成什麼樣的行為？我們是否更容易傾向看到關於解決問題的創新和創意，還是我們通常傾向不會？」

- 「那些找不到繩環的人，對環內的人有什麼感覺？是誰應該對於你們找不到立足之地負責？」問那些被排除在遊戲之外的人有什麼感受。
- 「要在這個遊戲中成功，你需要經歷兩次典範轉移或策略轉變。首先，你必須意識到每個人不一定需要有自己的繩環，大家可以共用資源。其次，你必須搞清楚你不需要整個腳掌完全觸碰地面。在這個遊戲中，這些轉變是如何發生的？誰首先有了這些想法？是已經有立足之地的人嗎？還是被排除在外的人？這些想法的發起者具有哪些特徵？其他小組成員如何回應這些變化？支持還是抵制？如果小組支持這些變革，是什麼讓發起者的想法獲得其他人的支持？」
- 「遊戲一開始的策略，終究不會有足夠的繩環讓每個人使用，此一情況是非常明顯的。當未來的限制變得明顯時，小隊成員是否立即改變策略，還是等到別無選擇才開始變革？如果他們選擇等待，背後的原因是為什麼？當我們逐步給系統更多壓力，處理系統所帶來的限制，我們付出了什麼樣的成本？如何改變系統，使其能夠預見限制，並在絕對必要之前開始改革？」

第三，你可以引導參與者討論應對氣候變遷問題時，可以從這個遊戲中學到的一課。

- 「遊戲的行為與氣候變遷有什麼關係？導致遊戲結果的原因，是否也存於現實世界？從這些結論中，是否可以概括得出對控制氣候變遷最可能的新點子來源？」

在這個遊戲中，你所經歷的團體歷程是相當常見的。在你的遊戲腳本中，你可能已經談到了消失的碳匯、宜居土地、低窪島嶼、可耕種土地、水資源、以及野生物種。氣候變化是以什麼方式造

成資源不斷減少的趨勢與狀態？在處理氣候變遷問題的組織中，資源是否正在減少？你可以從這個遊戲中學到什麼，以便在應對氣候變遷的工作中，促進建設性新想法的傳播？

如果你確實觀察到大家創造性地找到一種分享和合作的方式，在這個遊戲中你可能會評論，即使資源減少了，最終還是有產生令人鼓舞的結果。

17 化圓為方

沒有共同目標，合作行動將不具效果

我們有能力重啟這個世界。

— *Thomas Paine*，哲學家

這些文明和文化支配著我們對所謂神聖事物的感受，並確立了現實和價值的基本規範，然而這些文明與文化也正處於結束他們的關鍵歷史使命的重要階段。因為這些文明與文化所傳授的教誨和能量已不足以引導和激勵未來，已無法引導我們正面臨的偉大工作。有些新事物正在發生，一個全新的視野和能量正在形成。

— *Thomas Berry*，生態神學家

自我組織的能力即是韌性最強大的展現，一個自我進化的系統，可以藉由自身改變在幾乎所有變化中生存。

— *Donella Meadows*，環保議題領袖

與氣候的鏈結

為了避免氣變遷帶來的最嚴重影響，我們必須面對生命、政治制度、經濟和生活方式所依賴基本架構的重大改變。然而，氣候變遷的特質是未來可能出現意外和無法預測的風險。因此，除了同步改變驅動環境快速變化的因子，我們必須在自己所在的系統中建立彈性和社會學習的能力，以便社會能夠自我組織，並創建一個可以一起努力的共同願景。

關於這個遊戲

在「化圓為方」遊戲中，團隊參與的過程可能感覺非常像現實生活，也就是試圖在沒有任何人對問題有完整理解的情況下，發展全然共同的看法和解決方案的共同願景，在這個遊戲中，參與者實際上處於黑暗中。

在自然界和社會中，成功的系統是那些具有自我組織能力的系統，也就是那些能夠自主行動、檢視自我與環境關聯、進而適應的系統。「化圓為方」的遊戲考驗一個團隊成為一個具有自我組織能力的小組，通過團隊合作、共同願景、視覺化，以及系統思維來找到小組自我的節奏。

這個遊戲的目的是透過實際體驗，探索社會學習的含義並引入自我組織的概念，特別是處於無法獲得完整情資的狀況下。因為失去了視覺，無法進行各種如手勢和臉部表情的非語言溝通，團隊必須適應自己的新環境，這是所有自我組織的團體都會面臨的挑戰。這個遊戲還將激發關於溝通困難、創建共同願景過程，以及共同解決問題的知識學習。

實際操作

- **人數**：這是一個參與性遊戲。最少需要八人，最多則可以有三十人。如果參與者超過三十人，可以分成多個小組進行此遊戲，只要有足夠的繩子、足夠大的空間和指導人員來確保每位參與者的安全。
- **時間**：二十至三十分鐘。
- **空間**：最好在室外或者在一個夠大的室內空間進行，讓參與者可以鬆散地站成一個圓圈，並且不要太靠近各種障礙物，像是牆壁或可能對安全造成威脅的傢俱，因為參與者會閉著眼睛或戴著眼罩緩慢移動。
- **設備**：一條長約 10 碼（9 公尺）或更長的繩子，如果需要，可以使用眼罩。
- **佈置**：將繩子放在你帶領遊戲位置的附近，確保你可以輕鬆地展開它而不必處理打結，理想情況下，繩子應該已經展開並放在地板上。

操作指令與腳本

步驟一：讓所有人肩並肩站成一條直線，面對同一個方向，請參與者將雙手伸到前面，掌心向上。將繩子的一端放在排列最末位的參與者手中，然後沿著整個隊伍讓每個人都用雙手握住繩子，當到達繩子的最末端時，轉身走回原點，這次只是將繩子放在地板上，然後將繩子的兩端綁在一起。現在，所有人都擠在繩圈的一半部分。

步驟二：告訴參與者遊戲規則：「接下來的任務要各位閉上眼睛（或戴上眼罩）。我稍後會解釋任務的內容。整條繩子都會用到，你可以沿著繩子移動，但不能與繩子上的其他人交換位置，當你個人覺得小組已經完成了任務，請舉手，然後我將進行小組投票。如果大多數人認為你們已經完成，我會告訴你們停下來並睜開眼睛，但如果只有少數人舉手，我會告訴大家保持閉上眼睛並繼續進行。」

通常在這個時候，參與者會問是否可以交談，一個好的回答是：「**一切沒有被禁止的事情都是允許的。**」如果有參與者不想閉上眼睛，或是在遊戲過程中不小心張開了眼睛，請讓他放開繩子並安靜地退後一步，並擔任觀察者，稍後他可以幫助小組瞭解他們解決問題方法的優缺點，你也可以在遊戲開始之前請一、兩個人自願擔任觀察者。

步驟三：向參與者說明：「你們的目標是在每個人保持握住繩子的情況下，重新排列為一個正方形。」

步驟四：作為遊戲帶領者，應該確保小組任何成員都不會碰到牆壁、樹木或坑洞等任何物體。當小組嘗試解決

問題時,你應保持沉默;當參與者舉手表示他們認為任務已經完成時,引導者應要求小組保持雙眼緊閉並投票決定是否完成。如果不到一半的人認為任務已經完成,告訴他們繼續閉上眼睛、努力達到目標。如果大多數人認為任務已完成,要求每個人睜開雙眼,讓他們把繩子放在地上、小心保持原來的形狀。

步驟五:給小組一點時間來觀察繩子的形狀,然後移動到一個舒適的地方坐下來進行遊戲討論與反思,將繩子的成果留在地上,以便小組在討論期間可以參考。

遊戲總結反思

有些小組創造出一個完美的正方形,有些創造出一個三角形,而有些則排出了看起來像變形蟲的形狀,無論形狀如何,你和團隊們都可以確定從中學到很多。如果你有觀察者,讓他們對看到的狀況發表意見,然後請參與者描述他們的經歷:

- 「這個遊戲的特性與社會在預防和調適氣候變遷所面臨的挑戰,有什麼相似之處?」
- 「完成這個遊戲任務並一起解決問題(將圓變為正方形)容易嗎?如果我們要解決的問題是氣候變遷呢?」
- 「遊戲的過程中有哪些特點會幫助團隊完成任務?有哪些過程特點則阻礙了團隊完成任務?」
- 「你們的策略是什麼?」
- 「這個策略是否能有效地溝通?」

團隊的策略會有所不同。有些小組成員會發現,如果他們用報數並嘗試調整隊伍的排列,讓正方形的一側都有相等數量的參與者(所有邊都相等),則可以使過程變得更容易;其他小隊則發

現，如果選擇組成角落的人，過程可以加速。非常罕見的情況下，可能會有團隊中一小群人在忽略他人的狀況下，只用他們手上的繩子排出一個正方形，儘管這種策略違反了需要使用整個繩子的規則，但它提供了一個有趣的反思類比，因此我們通常不會干預阻止它。

「化圓為方」遊戲提供了一個很好的機會，可以探討在活動的過程中小組如何學習。回顧活動開始的前幾分鐘發生了什麼事：這與活動快結束時發生的情況有什麼不同？小組如何改進？為了探討團隊自我組織的概念，你可以考慮以下問題：

- 「團隊中是否有領導者出現？當你沒有『解決方案』時，要領導大家是否非常困難？在這種情況下，領導者可以提供什麼（例如：引導流程的產生）？」

- 「領導者的有無如何影響小組動態？」
- 「看不見如何影響彼此的溝通？」
- 「氣候變遷領域的學習是如何發生的？你可以舉出哪些例子？」

團隊的管理通常會見證這種有些諷刺的情況：一開始輕鬆且非常快速地形成一個適切的正方形後，小組成員開始分析和理性化這個過程，然後他們原本令人滿意的成果惡化了，他們最終的正方形比最初的解決方案更加畸形。

將這個遊戲與整個社會需要發生的廣泛變革連接起來，為避免氣候變遷帶來最糟的損害，社會需要各個層面的變革來往前推動。

你也可以以此遊戲為類比，來探討不能夠實體見面時，如何就共同的目標進行溝通，此遊戲的動

態，對於現實世界中致力於執行氣候變遷計畫，且彼此僅能虛擬溝通的組織、部門或社區，有什麼相似之處？

人類社會在許多層面上都有解決共同問題，以及圍繞著氣候變遷制定集體策略的需求，將這個需求與遊戲連結起來，團隊對於遊戲過程與氣候變遷背景下所需的社會變革有何關聯，會有哪些反思？他們可以從中學到什麼教訓？

拇指摔角

生活並非一個零和遊戲

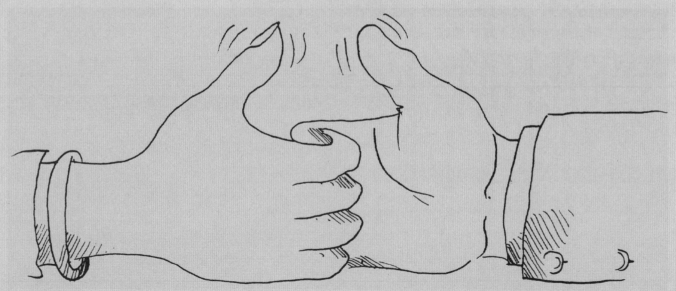

18

我們確實必須團結一致，否則我們必將分崩離析。
　　　　　　— *Benjamin Franklin*，發明家和政治家

人類的唯一救贖就是合作。
　　　　　　— *Bertrand Russell*，哲學家

對於競爭的過度關注，一直都是平庸的配方。
　　　　　　— *Daniel Burrus*，科技預測家

與氣候的鏈結

國際社會大多數的成員皆對減少排放到大氣中溫室氣體的必要性有所認知。

但是，大多數的污染者認為他們可以讓其他人承擔降低排放造成的短期犧牲，這些合理化的理由各不相同，貧窮國家聲稱問題是由富裕國家造成的，因此工業化國家應該做出最大程度的減排。人口數高的國家要求以人口數量定義配額，人口稀少的國家則希望將配額以國家為單位進行分配。發展中國家要求獲得開發非碳能源所需的技術，富裕國家宣稱他們需要更多的時間來做出重大改變。

事情就是這樣，人們產生一種幻想，認為其他人可以解決問題，合作和共同犧牲不是必要，如果能說服其他人做出所有必要的減排，個人利益就會增長。最近氣候變遷高峰會的無效性，直接描繪了每個國家都認為自己處於與其他國家競爭的局面中，並假設自己可以搭其他人的便車，從他人所做的改變中受益，而不需要自身承擔重大成本。這個遊戲創造了一個機會來檢視關於合作與競爭潛力的假設。

關於這個遊戲

談論心智模型是一回事，親眼證實又是另一回事。拇指摔角遊戲輕鬆幽默地展示出「生活是一個零和遊戲」這個隱含假設的後果，這個遊戲很有趣，所以大家通常很喜歡，同時這個遊戲也可以為後續的深入討論奠定基礎。

實際操作

- **人數**：這是一個讓觀眾兩人一組的集體遊戲，如果一組人數是奇數，例如觀眾中某一排是奇數，那麼其中一個人可以同時和兩個人進行拇指摔角比賽，或者轉身和下一排的某人玩。
- **時間**：十到二十分鐘。
- **空間**：此遊戲通常是在觀眾都坐著的情況下進行。
- **設備**：除非在遊戲總結討論時，你是使用白板和白板筆，否則不需要任何設備。
- **佈置**：唯一需要的準備工作是將整個觀眾分成一對一對的對手。

操作指令與腳本

步驟一：請參與者找到一個夥伴，最好是轉身找坐在他們旁邊的人。如果人數是奇數，引導者也可以參加，或者其中一人可以同時用右手和左手和兩人摔角。如果你明確告訴人們如何找到夥伴，或者分配夥伴，遊戲進程會更加快速，但無論如何，你需要讓每個參與者都確定他們會和誰一起玩這個遊戲。

步驟二：向觀眾說明：「現在我們都要參加一個叫做拇指摔角的簡單比賽。在接下來的幾分鐘裡，你的目標是為自己贏得盡可能多的分數。在這個遊戲中，你作為一個完全自私的人，在社會上是可以接受的。」

接著請一個人來幫助你演示如何玩這個遊戲，最好是挑選一個在活動前被鼓勵採用積極比賽風格的觀眾。當你的演示對象站在觀眾面前時，用你右手的手指緊緊地與他或她的右手手指相扣。

接著繼續說明：「在遊戲中，你們每個人的目標是贏得盡可能多的分數。要得分，你必須短暫地按住對手的拇指。」

現在與你的演示對象進行幾秒鐘看起來虛張聲勢且掙扎的鬥爭，以說明遊戲中充滿侵略性的過程。確保在某個時刻，你將對方的拇指夾在你的拇指和食指之間，接著暫停並舉起雙手，說到剛剛你夾住對方的拇指，「這代表我得了一分，但由於我想要更多分數，所以我會立刻放鬆，嘗試再次夾住對手的拇指。」

步驟三：完成演示後，說：「當我說『開始』時，你們將進行 15 秒的比賽，當你贏得分數時記得為自己計分。要誠實！開始！」

接著開始計時 15 秒，時間精確與否並不重要，你可以數數來估算時間，也可以使用馬表。時間結束後，說：「停止！」

遊戲總結反思

當參與者停止拇指摔角時，說：「現在我們來看看你們的表現。贏了三分或更多分數的人，請舉手。」等待人們有機會回應，大約一半的人會舉手。「謝謝，請放下。現在，贏了六分或更多的人，請舉手。」再次等待人們有機會回應。「十分或更多的人，請舉手。」再次等待。「十五分或更多，二十分或更多。」當只有一、兩對仍然舉手時，問他們：「你們獲得了多少分？」這將是一個相當大的數字，也許是二十到三十分左右。大聲且強調地重複他們的回答，以便讓所有觀眾都能聽到。「請站起來展示一下你們的方法。」幾乎可以肯定，他們將展示一種合作的方法，其中一方先降低自己的拇指，以便合作夥伴可以迅速按住它。「謝謝。請坐。」

稍作停頓，當參與者坐下時說：「顯然，比起彼此競爭，兩方合作的方法讓遊戲中兩個參與者都為自己贏得更多分數。然而，這裡幾乎每個人都自然而然地假定他們必須競爭，他們採取了零和態度－『如果你得到更多，我就得到更少。』事實上，情況可以是雙贏的：要嘛你們都得到很多分數，要嘛你們都只得到很少分數。你在這個遊戲和氣候變遷的談判之間，看到了什麼相似之處？如何改變氣候變遷討論的本質，以促使各國進行合作而不是競爭？」

如果你能再花十分鐘來討論此這個遊戲，考慮介紹「STUPID 法」來總結討論，向觀眾說明：「你們是一群聰明有社會責任的人，當像這樣的一群人，多數採用了像剛剛遊戲中糟糕的策略時，必然存在一些潛在的結構性原因。讓我們來檢視它們是什麼樣的原因，是什麼因素導致大多數人自動採用競爭性的行為模式？」現在停下來，給他們一、兩分鐘時間反思。在這一個時間點，拿起一支白板筆或粉筆並站在白板或黑板旁邊，通常有人會自願提供一些解釋，你現在的工作是鼓勵大家提出各種不同的原因，同時當你合理地重新命名它們，並將它們寫成一個垂直列表，你需要六個字詞來拼出縮寫「STUPID」。如果你的參與者只提供了一些原因，你可以填寫其餘的部分。通常，這些原因將不會按照所需的順序提出，所以在必要時留出空行以容納後來的項目。最終，你必須得到以下清單：

S －侷限的執行目標（Small goals）

T －時間壓力（Time pressures）

U －不願合作的夥伴（Uncooperative partner）

P －貧乏的溝通語言（Poor vocabulary）

I －不當的範例（Inadequate examples）

D －失能的規範（Dysfunctional norms）

一旦你已經將上述列表寫好，看著觀眾並指出這些因素不僅適用於拇指摔角遊戲，同時也描繪了大多數與氣候變遷相關談判的特質。「當我們在這些條件下處理事情時，我們就沒辦法期待能取得正向積極的結果。即使再聰明的人，在面對侷限的目標、時間壓力、缺乏合作、無法討論問題的溝通方式、沒有成功的例子、以及功能失調的社會規範時，也會做出糟糕的決策。」現在畫一個長垂直的圈圈，框住這六個因素的第一個字母，讓每個人都有時間注意到這些字母拼出了「STUPID（愚笨）」。接著點出這些因素主要在我們的控制之下，我們可以自由地改變它們。以此為基礎，引導觀眾討論在應對氣候變遷的努力中，我們應該如何修改這些因素，帶來深遠的幫助。

19

三角形

如果你追尋巨大的變革，那就去尋找高槓桿的支點

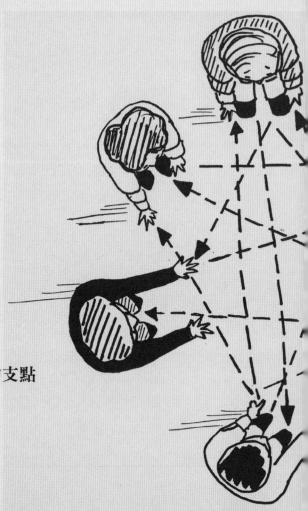

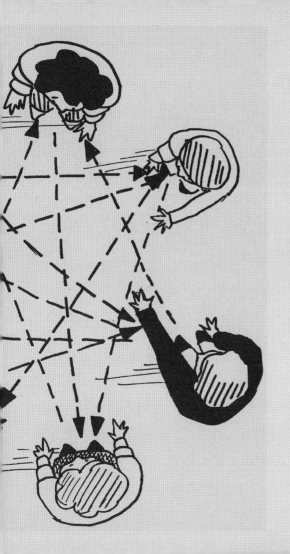

高槓桿策略可幫助團隊和個人分別應對不同挑戰；但最大的槓桿來自於理解這些策略實為一組整體的力量的結合。

— *Peter Senge*，系統科學家

當我們試圖單獨挑出任何事物時，就會發現其宇宙的一切都相互關連。

— *John Muir*，自然主義者

我們被我們影響的人們，所真實影響的程度，是難以誇大的。

— *Eric Hoffer*，社會哲學家

與氣候的鏈結

氣候變遷主要是因為大氣中溫室氣體濃度上升的直接和間接後果所造成，但任何想要改變溫室氣體排放行為的努力，也都會產生許多其他的影響。我們制定的大多數政策最終對試圖減少溫室氣體排放影響很小，如果我們希望有效地進行變革，我們需要善於在眾多政策選項中，指認出可能真正引發持續變革的少數政策選項。

關於這個遊戲

大多數人很快能理解槓桿點的概念，但是要在實際系統中找到它們卻極為困難，這個遊戲透過整體結構的具體改變，快速說明槓桿支點的概念。

實際操作

- **人數**：這是一個參與性遊戲，最適合的人數是十至四十人，如果你的觀眾超過五十人，請將其分成每組少於四十人的小組。
- **時間**：二十至三十分鐘。
- **空間**：一個每邊至少 30 英尺（約 9 公尺）長的方形或矩形空間，其中沒有障礙物，足夠讓所有參與者自由移動。
- **設備**：無。
- **佈置**：請參與者站在你將用於活動的區域內，並站成一個大圓圈，每個人都應該能夠看到大家，你應該站在圈圈內。

操作指令與腳本

步驟一：向觀眾說明：「這個遊戲說明某些決策對系統行為會產生重大影響，而某些決策則完全

沒有影響。請各位在圈圈中選擇兩個人，他們將在這個遊戲中成為你的參考點對象。你的第一個參考點對象是一位穿著 ＿＿＿＿＿＿＿ 的人。」此處你應該描述空間裡，只有在一個人身上容易看到的特徵，例如藍色眼鏡、黃色裙子、沒有紮進去的襯衫或紅色網球鞋。但請注意，要找到一個選擇特徵基準，不要讓展示的人感到尷尬。衣物通常是可以接受的，但最好避免身體特徵，也不要使用如總是很開心等心理特徵，因為顯然地它們並不明顯，由於參與者通常不會知道每個人的名字，因此你也不能要求他們根據特殊的名字來選擇參考對象。下面的指令與腳本是假設你已經選擇了 [某件衣物] 作為描述。

進一步說明：「你不能選擇自己作為參考點對象。因此，如果你自己穿著 [某件衣物]，你應該選擇另一位作為第一個參考點的對象，第二個參考對象可以是除了自己的任何人，也不應該選擇一個穿著 [某件衣物] 的人。」這裡你可以舉至少有一、兩位遊戲參與者具有的特徵，如果做得正確，那麼團體中的每個人都將選擇同樣的特定人作為第一個參考點的對象（除了那個人自身，他或她不能選擇自己作為參考對象）。在接下來的遊戲中，我們將稱這位第一個參考點的對象為通用參考對象，還有一個或多個人在房間裡，沒有人選擇他們作為參考點對象，我們將稱他們為無效參考。

步驟二：當每個人都選擇了第二參考點的對象後，請說：「每次我說『開始！』，你們要緩慢地在房間中移動，直到你與你的兩個參考點的對象距離相等，你可以與他們相距很近或很遠，這沒

有什麼差別，但直到距離相等前你不能停止移動。當你與你的參考點對象距離相等時就停止移動，但如果在你停止後，你的一個或兩個參考點對象再次移動，那麼你就需要再次移動，直到自己與他們兩個等距。」

「當我說『停止！』，那麼每個人都應立即停下來，保持原地站立。有任何問題嗎？」

為了說明你的意思，邀請作為通用參考對象的那位參與者，以及另一位夥伴來示範，站在圓圈中央。請他們每個人站在特定位置，距離至少 5 英尺（約 1.5 公尺），然後假裝他們是你的參考點對象，說明你將如何移動使自己與他們保持距離相等。演示站得很近且距離相等，以及站得很遠且距離相等的情況，當你與他們兩個都距離相等時，請其中一位參考點對象移動幾英尺，然後展示你將如何移動以恢復距離相等，然後才能停下

來。再次詢問大家是否有任何問題。

步驟三：請兩名示範的參與者回到原位，你則是離開圈圈中央。

向大家宣布：「接下來我們將進行第一次的嘗試。我要求每個人距離他們的參考點對象距離相等，各位覺得會發生什麼事情？大家會永遠保持移動嗎？還是會停下來？團體停下來需要多長時間？」

這些問題很重要。在每個問題問完後稍停一下，給參與者時間去形成他們自己的答案。當他們自願回答時，不要做出批判，只是單純地感謝他們的意見。讓參與者思考並決定他們自己認為系統的行為將是什麼，這對他們從觀察到的實際情況中學習至關重要。

步驟四：在給參與者幾分鐘時間來思考之後，說：「第一輪嘗試，開始！」觀察發生了什麼情況。人們將離開他們在圓圈中的位置，在房間裡四處走動，然後大家慢慢停下來。要有耐心，達到平衡可能需要更長的時間，但參與者通常會停下來。然而，如果他們在三分鐘後仍在移動，並且似乎團體不會在不久的將來達到平衡，則說：「全部停止，你們所有人都已經與參考對象達到可接受的距離。」

現在，你可以進行另外兩輪實驗，以說明高槓桿和低槓桿的概念，顯示系統中某一部分變化對表面上看起毫無相關地方產生影響的程度。

步驟五：請每個人回到大圓圈的原始位置。然後指向作為通用參考點對象的參與者，宣布在下一階段遊戲中的某個時刻，你會用手停止他或她的移動。當你這樣做時，其他所有人應該繼續遵循原本的規則，持續移動直到他們距離兩個參考點對象距離相等。

詢問將會發生什麼事。給他們時間反思和回答，但不要評論大家的回答，當人們完成他們的回答時，你可以說：「讓我們來實驗看看。」然後說：「第二輪嘗試，開始！」然後快速而輕柔地將手放在通用參考點對象的肩膀，停止他或她的動作，團體中其他的人通常也會很快停下來，請大家回到原來圓圈的位置並討論發生了什麼事情。

步驟六：指定作為無效參考點對象的某一位參與者，解釋在第三輪遊戲中，你將會以手放在那位參與者的肩膀上，使他或她停止移動。所有其他人將繼續遵循規則，換句話說，其他參與者將持續移動直到他們距離參考點對象距離相等。詢問參與者你的介入將如何改變系統的行為，同樣地給予他們時間反思和回答，也並不評論他們的回

答，等大家發表意見結束後，再次宣布：「讓我們做一個實驗看看。」

宣布：「第三輪嘗試，開始！」然後迅速而輕柔地停止之前指定那位作為無效參考的觀眾，但停止這個人的動作不會對其他人產生任何影響，其他人仍然需要一些時間才能停下來。

請大家回到原來圓圈的位置，並詢問大家剛剛發生了什麼事以及為什麼。

在這三輪的嘗試中，你在第二個嘗試中使用了一個高槓桿策略，你改變系統中那個對其他部分都有影響的事物；而在第三個嘗試中，你使用了一個低槓桿策略，你改變系統中對其他部分幾乎都沒有影響的事物。

遊戲總結反思

請大家回到座位上，分享他們對遊戲的整體想法、感受和觀察，在每輪遊戲後的對話中，可能已經出現了許多見解，現在是時候總結反思一下了，以下是一些可能提出的問題：

- 「在這個遊戲中，影響指標是各位停止移動所需的時間，在氣候系統中，相應的影響指標是什麼？」
- 「人們在應對氣候變遷時，使用了哪些低槓桿策略？為什麼它們的影響力如此之小？」
- 「人們在應對氣候變遷時可以使用哪些高槓桿策略？為什麼它們會有效？」
- 「我們可以做些什麼來促使政治活動偏向高槓桿策略？」
- 「社會中有哪些行為像遊戲中的通用參考點對象一樣？有哪些因素我們不會拿來參考決定自己的行為？」

20

變形的雜耍

逐步的變化只會帶來逐步的改善，結構性變化
則會產生徹底的形變

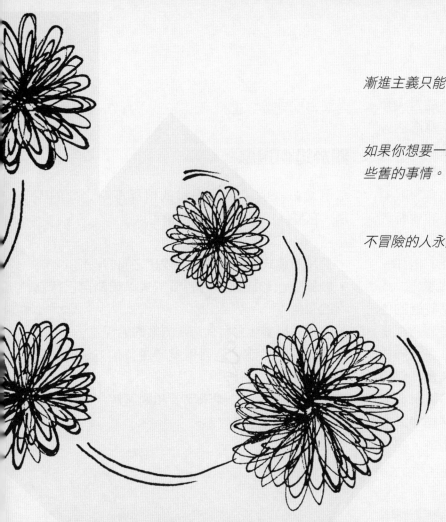

漸進主義只能保證一件事，那就是平庸。

          − *Faisal Khosa*，內科醫師

如果你想要一些新的事物，那就必須停止做那些舊的事情。

          − *Peter Drucker*，管理顧問

不冒險的人永遠不會有機會喝到香檳。

          −俄羅斯諺語

與氣候的鏈結

試圖解決氣候變遷危機的努力，涉及各種對人類生活產生重大衝擊的改變，例如提高車輛燃油效率、減少食品生產中的化學藥劑、更換效率較低的燈泡以及回收廢棄物等。一些倡議會對問題產生重大影響，但大多數則不會。時間和資源限制迫使人們尋找最有效的策略，透過細化評估替代方案的語彙可以促進加速尋找的過程，其中一種方法是區分漸進式變化和結構性變化。例如，透過提高車輛的燃油效率來實現漸進式變化，或者將更多工人遷移到距離他們工作地點較近的住宅，來實現結構性變化。燃油效率的提高通常是讓人們能夠買得起更大的車子，因此最終淨排放幾乎沒有減少；然而，遷居可以使工人賣掉他們的汽車、改為步行或騎自行車通勤，這將永久減少排放。產業漸進式變化可能來自包裝標準的改變，而結構性的變革則來自改變產品組成，使產品完全可回收。

關於這個遊戲

這個遊戲說明了高槓桿和低槓桿策略之間的區別，它提供了參與者一個機會可以：

- 體驗漸進式變化和結構性變化之間的區別；
- 觀察自己形成假設的習慣方式以成為自己行為的學生；
- 使用並檢查建立替代解決方案的過程；
- 學習有助於評估應對氣候變遷替代方法的新詞彙；
- 指出參與者關於團隊學習和問題解決的隱含假設，以增進團隊效率。

實際操作

- **人數**：對於小規模的參與者，這可以作為一個參與性遊戲，而對於大型團體，它可以作為示範性遊戲。執行這個遊戲最少需要六個人、最多需要二十個人，而對於八到十二名參與者的效果最好。
- **時間**：二十至四十五分鐘。
- **空間**：這個遊戲可以在室內或室外進行，只要有足夠大的空間讓參與者並肩站成一圈即可。
- **設備**：三個可投擲的物品，例如 Koosh Ball（橡膠毛毛球）、填充玩偶或尖叫橡皮雞等，避免使用網球，因為它們可能很難接住。
- **佈置**：準備好三個可投擲的物品，如果可能，一開始只展示一個物品，將其他兩個藏在口袋或袋子中。

操作指令與腳本

步驟一：將大家聚集成一個圓圈，你作為參與其中的引導者。展示其中一個物品，告訴觀眾他們的第一步是建立一個模式，將物品傳遞給團體中的每個人，直到每個人都有機會接住它並扔給其他人。

你可以邀請團體中的一名或多名成員擔任觀察員的角色，在遊戲結尾時，你將要求每個觀察員分享他們對團體過程的觀察。

請參與者將雙手伸在前面，直到他們接到投擲物，然後將它傳遞給其他參與者後將手放下；如此，當有人第一次投擲來建立輪流順序時，他或她應該只考慮將投擲物扔給仍然伸出手的人，當所有參與者都接過物品一次後，應該歸還給你。

告訴他們，大家只需要記住誰將物品扔給他們，以及他們將物品扔給誰。接著將物品扔給圓圈中的另一名成員（但不要扔給站在你旁邊的人）來開始這個遊戲。重要的是要用輕柔、低手的拋球法，這不是需要專業接球技巧的遊戲。如有必要，可以放慢節奏，讓每個人都能輕鬆地投擲和接住物體。

步驟二：接到投擲物的人，會扔給另一個尚未接過的人，當團體的所有成員都接觸過物體時，它就會被扔回給你。在參與者第一次扔物體以建立順序後，模擬一次順序，讓人們依次指向他們會將物體投過去的人。讓團體使用已確立的模式投擲第一個物體，直到你確定他們記住了順序。一旦該模式確立，你可以停下來，向團體展示其他兩個物品。告訴他們，在這個遊戲中，你將依次將三個物品投入圓圈中。

步驟三：詢問大家：「你認為使用我們建立的順序，來投擲這三個物品，會需要多長時間？」在達成共識之前，你應該明確表示只有兩個規則：

1. 每個人必須觸摸這三個物品各一次。
2. 每個團體成員必須按照參與者們在步驟一中建立的相同順序觸摸每個物品。

當參與者要求澄清時，重要的是你要聲明只有這兩個規則（如上所述）。如果參與者想知道如何改變規則，只需重復這兩個規則，同時，瞭解是否有人曾經做過這個遊戲，如果他們有，請他們參與但保持沉默。

步驟四：請一名參與者擔任計時員，並使用電子手錶來計時，請大家按照指定的順序傳遞這三個物品，當所有物品都被送回給你時，請大聲喊「停！」，並詢問計時員花了多長時間。無論你最

終得到的時間是多少，都向團隊提出挑戰，要求將時間減半。你可以說明他們的主要競爭對手只用了一半時間完成這件事來激勵團體，當參與者覺得他們已經在最快的時間內完成遊戲，這個遊戲就可以結束了。

遊戲總結反思

這個遊戲為參與者提供了一個實施和評估兩個結構性改變的機會，每一項都大幅減少了達成目標的時間，還有幾個漸進式的改變，但這些漸進式改變加乘起來的效益卻是相對較小。

第一個結構性的創新，是成員察覺到他們應該改變在圓圈中的位置，以便他們站在下一位要接住投擲物的人旁邊，然後開始一輪移動，直到人們能夠簡單地從一個人傳遞物品給另一個人，而不是用扔的。這個變化大大減少了拋擲的時間，同時減少了物體掉落和失誤的次數。

對於第二個結構性的改變，是參與者意識到他們可以將三個物品放在地板上，然後按照正確的順序觸摸每一種物品，這個改變也將顯著提升他們的性能。餘下的時間和努力則將用於漸進式的改變，例如站得更近，將物品扔得更快。總體而言，這些漸進式行動提供的益處相對較少。

在「變形的雜耍」中，最大的限制是參與者們假設有比引導者聲明更多的規則存在，其中的限制行為是什麼？這裡的限制可能是參與者堅持使用相同的方法，而不會停下來反思他們的假設、聆聽其他想法或考慮其他選擇。

團體可以體驗到快速成功如何產生微妙的限制，特別是在個人和團體的思維方面。

- 這個遊戲主要關乎目標的設定。「這個遊戲設定了哪些不同的目標？如果我們考慮與氣候變遷相關的目標，領導者可能會選擇設定非常低的目標（像是減緩二氧化碳排放的增長速度）。然而，正如我們在這個遊戲中看到的，如果領導者鼓勵人們只要變好一點點，他們就會實現這個小目標然後自我感到良好；但是，當設定了非常具有挑戰性的目標時，人們常會尋求革命性的解決方案。這些關於目標設定的觀察結果，與氣候變遷的討論中有什麼其他相似之處？」

- 「在你所屬組織或更廣泛的範疇中，由於氣候變遷相關議題可能積累的內在壓力和限制是什麼？」可能的限制：財務資源？回應質詢的能力？員工人數？

- 作為引導者，你還可以指出我們接收訊息的方式會影響我們對該訊息所做的假設。在這個遊戲中，引導者以丟擲物品進入圓圈的方式開始遊戲，參與者會假設他們也必須用投擲的方式，即使規則中並未明確要求他們這樣做。實際上，最快的時間是通過不投擲物體，而是將物體放在地上，團體成員可以依正確順序觸摸它來達成。

- 再次詢問大家：「氣候變遷訊息傳遞的方式，會如何影響人們對該訊息的假設？」

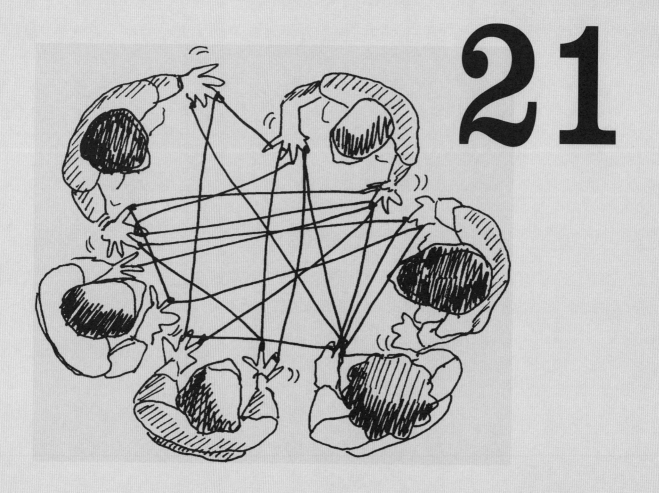

21

生命之網

讓系統中的網絡連結清晰可見，就能更深刻地理解一個系統

所有人都被捆綁在一個不可避免的相互關聯網絡中，如共穿一件命運衣裳。直接影響一個人的事情，也會間接影響到所有人。

ー *Martin Luther King, Jr.*，民權領袖

我們需要停止單獨思考這些問題ー每個人都有自己的代理者、支持者、以及自我意圖ー而是應該以一種整合的方式處理，就像它們實際發生的方式一樣。

ー *Glenn Prickett*，大自然保護協會首席外部事務官 [12]

當蜘蛛網結合時，它們能夠捆住獅子。

ー衣索比亞諺語

167

與氣候的鏈結

人們很容易認為我們的行動是獨立存在的。如果需要餵養不斷增長的人口，那就種更多的食物，這樣沒錯吧？但清理土地以供農業使用，將減少森林和濕地儲存碳的能力，這將最終導致更高的溫室氣體濃度，對未來的食物生產產生負面影響。氣候變遷的特徵正是其行為和動態具有高度複雜性，然而所提供的解決方案常常是零散破碎的，且僅側重於問題的一部分，不是構成整個氣候變遷系統錯綜複雜的關係網絡。[13]

考慮到氣候變遷的網絡性質，你應該從哪裡開始呢？制定氣候變遷政策和法規？制定溝通策略來激勵大眾或特定群體改變行為？建立指標來幫助社區監測和進行整個社區的變革？與企業合作，制定支持氣候的投資策略？

你可以使用這個遊戲，來實際追蹤許多社會和經濟政策間的相互關聯和動態，你還可以使用「生命之網」的遊戲來探索氣候變遷的物理科學。

關於這個遊戲

「生命之網」的遊戲讓小組可以觀察一個系統權益相關的各個部分，是如何與彼此相互關聯。當參與者參與並體驗這個遊戲時，他們會看到手上的各個系統，無論是實際的氣候系統、或與氣候變遷介入或政策相關的行為系統，通常不是直線因果關係，而是由類似於迴圈、網絡，以及關係連結和互動的模式組成。在大多數情況下，我們無法看到這些相互關聯，我們只能透過想像。「生命之網」為參與者提供了一個機會讓人們能夠看見與理解那些與全球暖化有關、構成複雜且具挑

戰的相互關聯模式。

此外，這個遊戲還可以幫助團隊看見與更好地理解，在大型系統中（例如在他們的組織和社區中），彼此是如何相互依賴和相互連結。[14]

實際操作

- **人數**：這是一個示範性遊戲，一組八個人最為適合。
- **時間**：根據參與人數，需要十五到三十分鐘不等。
- **空間**：需要足夠的空間，讓你的小組可以站在一個肩並肩的圓圈中。
- **設備**：一個大的彩色針線球或毛線球（確保它能容易解開）；簡報架或白板等書寫表面；一包

便利貼（或更大的紙張和膠帶，適用於較大的團體）。
- **佈置**：將小組排成一個圓圈，將毛線球交給圓圈中的其中一人。

操作指令與腳本

步驟一：當你和你的小組圍成一個圓圈時，請小組成員選擇他們希望討論的氣候問題。例如，某地區因氣候變遷而需要農業的改善措施，你可以與當地的利害關係人一起來玩這個遊戲。

步驟二：在選擇了你想討論的議題後，開始集思廣益，列出與該系統相關的一些變數。當人們確定這些變數時，將它們列在白板上，然後將這些變數寫在便利貼上，或者如果參與的人數較多，

可以製作更大的標籤。給每個參與者一個便利貼上的變數，讓參與者將便利貼像名牌一樣貼在身上。以氣候變遷的農業適應措施為例，小組可能集思廣益的變數：

- 全球氣溫
- 極端氣候
- 缺水
- 食物供應
- 大氣系統中的熱量
- 農作物和家畜產量
- 出口量

步驟三：首先，讓持有毛線球的人說出他或她的變數，像是這個人選擇「全球氣溫」。

步驟四：接著請圈子的其他人說出自己標籤上的變數，並說明這個變數與持有毛線球人的變數有

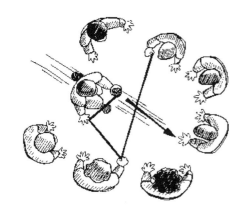

什麼關聯。例如，參與者說：「如果全球氣溫上升，極端氣候變得更劇烈。」然後第二個參與者接過第一個人的毛線球。

現在，另一個人解釋他或她的變數與持有毛線球人的變數有什麼關聯。例如，該參與者接過毛線球，說：「如果極端天氣變得更大，農作物和家畜的產量會變得更少。」

步驟五：小組繼續識別盡可能多的關聯，而網絡會變得越來越複雜。一旦小組已經明顯地交織在一起，問：「各位是否已經掌握大部分重要的關係連結？」讓參與者將整個網絡放在他們站立的地板，然後回到他們的座位。

遊戲總結反思

當圓圈中的網絡變得更加交織和複雜時，仔細聆聽小組的評論，將他們的某些評論記住或寫下來，等遊戲結束，詢問小組的反應。

- 「哪些變數具有最多的連接？這告訴你什麼？」
- 「我們必須考慮多長的時間範圍？觀察整體網絡，你在哪裡看到因果之間、行動與後果之間的明顯時間延遲？這些延遲有多長？」
- 「這種密集的相互關聯網絡會如何影響群體採取行動的能力？」

- 「你在哪裡看到行動和後果之間的非線性關係？像是與規範偏差較小的變化不會產生反應，但大的偏差卻會產生戲劇性的變化？」
- 「對於適當的研究或決策團體，如何使用這個遊戲來說明和溝通他們對農業適應性的在相互關聯與動態的現有知識？」

詢問大家：「氣候變遷真的是一個問題嗎？」例如，氣候變化如何成為另一個問題（例如，經濟成長）的症狀？與參與者一起集思廣益，討論與經濟成長相關的八個或更多變數：人口數量、資源的消耗量、廢棄物產生量、溫室氣體量、土地利用、棲息地損失等等。使用毛線球來探討這些因素的交互作用如何產生氣候變遷各種症狀：「看看各位所建立的網絡，你在哪裡看到根本性變革的槓桿支點？」

22

1-2-3-GO !

坐而言，不如起而行

行善是高尚的，告訴別人向善更為高尚，
且麻煩少得多。

　　　　　— Mark Twain，幽默作家

混雜的訊息會嚴重損害公眾的理解、信
任、以及對個人行動能力的感受。

　　　　　— Ian Christie，綠色聯盟

評斷一個人的品行，應該根據他的行為，
而不是他的言辭。

　　　　　—俄羅斯諺語

173

與氣候的鏈結

氣候行動者十分清楚，要避免氣候變遷造成最嚴重的極端情形，需要在消費、政治、旅遊、娛樂、生產、以及能源使用等各個層面廣泛變革。目前這些必要的改變尚未發生，也不可能發生，除非倡議者和行動者的勸告更加有效。有效的氣候行動必須更深入地理解言語和行為之間的關係。

關於這個遊戲

這個遊戲展現了以身作則會比言辭更有影響力，證明了那句廣為流傳的諺語：「坐而言，不如起而行。」

這個遊戲相對簡短，因此非常適合作為研討會的引言或總結活動，這個遊戲強調無論我們學到了什麼、無論我們承諾要做什麼，我們的選民、我們的組織、以及我們的社交網絡，都會更受到我們的行為影響，而不是我們告訴他們要做什麼。

做為如何使用這個遊戲的一個範例，泰國瑪希隆大學的 Chirapol Sintunawa 常常在他舉辦的永續工作坊尾聲中告訴參與者，他不希望他們回家告訴任何人，他們這一天學到了什麼，然後他帶大家來玩「1-2-3-Go！」，在遊戲結束時，他要求大家透過行動來呈現他們的學習成果，而不是規勸。他說服大家，從長遠來看而言，這將產生更廣泛的影響。「1-2-3-Go！」可以用作演講結束時的總結遊戲，重要的是要迅速且輕鬆地帶參與者一起來玩。你不希望參與者將其視為你的一個小把戲，因此，你可以帶大家玩兩次，第二次給人們充分的警示，如果有人忘記並再次在錯誤的時候鼓掌，則與大家一起開心的歡笑，在引導者謹慎

且輕巧的帶領下，這個簡單的遊戲可以幫助參與者更加聚焦於如何言行合一。

這個遊戲一個特別的優勢是，如果有一些人以前玩過且做得正確，可以更進一步提高遊戲的整體影響力。

實際操作

- **人數**：這是一個大型遊戲，最少需要兩個人，人數沒有上限，任何數量的人數都可以參與遊戲。
- **時間**：三到十分鐘。
- **空間**：足夠的空間讓每位參與者都能聽見與看見帶遊戲的人，此遊戲通常是在觀眾都坐著的情況下執行。
- **設備**：無。

- **佈置**：無。

操作指令與腳本

步驟一：確認每位參與者都能看見你。

步驟二：一開始你先示範伸出雙手，就像要鼓掌一樣，請參與者也把手伸在他們面前，然後告訴大家：「現在我要慢慢數到三，然後說『開始！』當我說『開始！』時，每個人都應該一起瞬間鼓掌一次。」重複這些指示，以確保每個人都聽到並專注於你。你可以補充說：「我們的目標是讓大家同時鼓掌，這樣聽起來就像一雙巨大的手同時大聲拍手。因為我們都在做同一件事，一起做會放大我們個人的影響力。」此時再重複說明，然後說：「現在我要數到三，然後說『開始！』」

步驟三：緩慢地數：「1、2、3。」，然後大聲地拍手，接著停頓一秒，然後說：「開始！」當你拍手時，幾乎每個人都會一起拍手，不會像剛剛他們收到的指令那樣，等到你說「開始」才拍手。暫停一下，讓每個人意識到發生了什麼事，然後進行以下的討論。

遊戲總結反思

對於「1-2-3-Go！」來說，遊戲總結反思應該輕鬆快速。不同的觀點都可以提出來討論，在第一次遊戲結束後，問參與者他們從這個遊戲中得到什麼是很有趣的。在他們分享觀點後，你可以提出以下的觀察：「當你在決定應該以何種方式產生影響或促進變革的關鍵時刻，這個遊戲點出了非言語溝通的重要性。人們不僅會注意你說了什麼，還會關注你做了什麼。如果你希望你的話有最大的影響力，那麼你的行為與你告訴人們的內容一致就顯得非常重要。」以下是要探討的問題：

「你的行為可能會向選民、夥伴或社區傳遞怎麼樣不明確的訊息？」

這個問題不一定需要回答。但是，如果你的總結討論重點是人們在氣候變遷的個人行動上，你可能會得到更多思考深入且個性化的答案。

以一個幾乎每個人都可能會犯錯的遊戲，來結束課程或演講似乎是有點令人沮喪，因此，請重複說明並希望每個人都能正確執行，這表示人們都有能力能從錯誤中學習，並以此為課程的高潮來結束遊戲。

致謝

（英文版）本書作者誠摯地感謝德國國際合作機構（GIZ）的支持，包含讓我們能夠編寫本書第一版的資金支持，我們也十分感謝他們協助測試這些遊戲，以及提供許多寶貴的意見，讓我們得以將氣候變遷的根本議題透過簡單的遊戲加以傳遞。

（中文版）本書可順利完成翻譯需感謝教育部資訊及科技教育司之支持，及氣候變遷教育教學聯盟（南區）之推動，讓氣候變遷海岸領域之調適教育可在此書中文版的完成後，透過書中遊戲落實與深化。

註釋

1. Bryner, Andy and Markova, Dawna, *An Unused Intelligence: Physical Thinking for 21st Century Leadership* (Berkeley, CA: Conari Press, 1996).

2. 「雙臂交叉」這個遊戲與第一次在 1995 年《系統思考遊戲書（*The Systems Thinking Playbook*）》的版本不盡相同，隨著時間發展，此遊戲的介紹、執行以及總結方式都有進化與改善。

3. 針對大眾對於氣候變遷的過於自信，可以參考 John Sterman 以及 Linda Booth Sweeney 的著作："Understanding Public Complacency about Climate Change: Adults' Mental Models of Climate Change Violate Conservation of Matter," *Climatic Change* 80, 3–4 (2007): 213–238.

4. 此遊戲改編自 Rob Quaden、Alan Ticotsky、以及 Debra Lyneis 的「In and Out Game」；進一步資訊可以參考：http://static.clexchange.org/ftp/documents/x-curricular/CC2010-11Shape1InAndOutSF.pdf.

5. 此遊戲並未收錄於原版的遊戲書中，而是在 2009 年於匈牙利舉辦的一場討論氣候變遷之於生態系統的

研討會中，Dennis Meadows 想出此遊戲並用於他的研討場次中。

6. Donella Meadows, *Thinking in Systems* (White River Junction, VT: Chelsea Green, 2008).

7. 這是一段科學家觀測到低臭氧濃度卻沒有給予足夠關注的過程，在 Paul Brodeur 的著作中有詳細敘述：“Annals of Chemistry: In the Face of Doubt,” *New Yorker*, June 9, 1986, 71.

8. 更詳盡的「漁獲」遊戲「FishBanks」，是一個可供至多五十人一起參與的電腦輔助角色遊戲，其需要大約兩個小時的時間來完成遊戲，並讓參與者可以獲得極為豐富的相關知識。「FishBanks」的實體教材與道具，可聯繫 International System Dynamics Society：http://www.systemdynamics.org/products/fish-bank/。網路版本：https://mitsloan.mit.edu/LearningEdge/simulations/fishbanks/Pages/fish-banks.aspx。

9. 關於「公共財悲劇」的原型，更多精彩的討論可以參考 Daniel H. Kim 的著作：*Systems Archetypes II: Using Systems Archetypes to Take Effective Action* (Acton, MA: Pegasus Communications, 1994).

10. 「真實循環」遊戲為本書作者改編自 John Shibley 的原創遊戲。

11. 更多資訊可以參考：“Feedback Loops in Global Climate Change Point to a Very Hot 21st Century,”，網址：http:// www2.lbl.gov/Science-Articles/Archive/ESD-feedback-loops.html；以及 “Feedback Loops: The Potential to Amplify Global Warming Beyond Current Predictions”，網址：http://www.andweb.demon.co.uk/environment/globalwarmingfeedback.html。

12. Thomas L. Friedman, “Connecting Nature's Dots,” *New York Times*, August 22, 2009.

13. 處在高度動態複雜的情境中，因果關係時常具有極大的時空距離，使我們無法輕易地以第一手經驗來辨別問題根源，而行為複雜性則是關於某項特定挑戰下決策者的心理模型、抱負志向、以及價值觀所綜合而成的多樣與複雜程度。

14. 「生命之網」的最初版本是源於英國國際戶外教育組織 Outward Bound。

關於本書作者

Dennis Meadows 是新罕布夏大學的系統政策和社會科學研究名譽教授,曾擔任該校政策與社會科學研究所主任。他於 2009 年因世界和平與永續發展之貢獻獲頒日本國際獎。他為此撰寫與發想的十本相關書籍以及無數教育遊戲,已被翻譯成三十多種語言,用於世界各地的教育。他在麻省理工學院管理學取得博士學位,並曾於該校擔任教職;除此之外,他更因為對環境教育的貢獻而獲得了其他四項榮譽博士學位。

Linda Booth Sweeney 教育博士,是一位教育家、研究員和作家,致力於將複雜的生命系統理解融入各年齡層的學習、決策和設計中。她曾與 Outward Bound、麻省理工學院斯隆管理學院、以及 Schlumberger SEED 等機構合作。她是《系統思考遊戲書(*The Systems Thinking Playbook*)》的合著者,以及《當蝴蝶打噴嚏時:幫助孩子用故事探索世界互動關係的指南(*When a Butterfly Sneezes: A Guide for Helping Kids Explore Interconnections in Our World through Favorite Stories*)》和《連結的智慧:關於真實系統的生命故事(*Connected Wisdom: Living Stories about Living Systems*)》的作者,同時也是眾多學術期刊和電子報的作者。她居住在麻州波士頓市外。更多資訊請參考她的部落格「Talking about Systems(www.lindaboothsweeney.net)」。

Gillian Martin Mehers 是一位個人學習和能力開發專業人士,活躍於全球永續發展社群已經超過二十年。她是 Bright Green Learning 的創始人,該組織為一個總部位於日內瓦、致力於永續發展之團體學習的專業合作組織。她曾擔任國際自然保護聯盟(IUCN)的學習與領導力部門主

管，以及總部位於倫敦的國際組織 Leadership for Environment and Development（LEAD）能力建構總監。Mehers 的專業領域包括創造體驗式學習環境、互動式學習設計、以及引導不同領域的參與者強化溝通與學習能力。她對於多元文化工作具有極大熱忱，曾在亞美尼亞到尚比亞等超過五十多個國家擔任引導師和培訓師。有關更多信息，更多資訊請參考她的部落格「You Learn Something New Every Day（www.welearnsomething.org）」。

國家圖書館出版品預行編目（CIP）資料

氣候變遷遊戲引導書：22個讓人更有效溝通氣候變遷的系統思考遊戲/Dennis Meadows, Linda Booth Sweeney, Gillian Martin Mehers著；陸曉筠, 李伯言, 陳嬿譯. -- 初版. -- 高雄市：巨流圖書股份有限公司, 國立中山大學海洋環境規畫與管理研究室, 國立中山大學, 2024.01
面；　公分
譯自：The climate change playbook : 22 systems thinking games for more effective communication about climate change
ISBN 978-957-732-704-8 (平裝)
1.CST: 氣候變遷 2.CST: 環境保護 3.CST: 遊戲教學
328.8　　　　　　　112020029

氣候變遷遊戲引導書：22 個讓人更有效溝通氣候變遷的系統思考遊戲

原 著 書 名	The Climate Change Playbook: 22 Systems Thinking Games for More Effective Communication about Climate Change
原　　　著	Dennis Meadows、Linda Booth Sweeney、Gillian Martin Mehers
譯　　　者	陸曉筠、李伯言、陳嬿
編　　　審	陸曉筠
發 行 人	楊曉華
封 面 設 計	傅榆茹
內 文 排 版	徐慶鐘

出 版 者 巨流圖書股份有限公司
802019 高雄市苓雅區五福一路 57 號 2 樓之 2
電話：07-2265267
傳真：07-2233073
購書專線：07-2265267 轉 236
E-mail：order@liwen.com.tw
LINE ID：@sxs1780d
線上購書：https://www.chuliu.com.tw/

臺北分公司　100003 臺北市中正區重慶南路一段 57 號 10 樓之 12
電話：02-29222396
傳真：02-29220464
法 律 顧 問　林廷隆律師
電話：02-29658212
合作出版者　國立中山大學海洋環境規劃與管理研究室、
國立中山大學
刷　　次　初版一刷・2024 年 1 月
定　　價　350 元
I S B N　978-957-732-704-8